U0263237

国家宏观战略中的关键性问题研究丛书

我国能源安全若干问题研究

廖 华 朱跃中 等◎著

科 学 出 版 社

北 京

内 容 简 介

本书立足我国基本国情、面向"十四五"和中长期发展目标，对我国能源安全的若干关键问题开展研究，主要内容包括能源安全观的历史演进、全球能源发展格局新趋势、世界能源供需中长期趋势、我国能源发展状况与需求预测、我国能源安全面临的风险挑战、我国能源国际合作进展评估、极端情景下最低油气进口需求测算及应对、我国有可能新开辟的外部能源基地和通道、制约替代能源发展的体制机制障碍研究、保障能源安全的若干重大举措。

本书适合能源经济与管理等领域的政府工作人员、能源企业管理人员、高等院校师生、科研院所人员及相关工作者参阅。

图书在版编目（CIP）数据

我国能源安全若干问题研究/廖华等著. —北京：科学出版社，2023.3
（国家宏观战略中的关键性问题研究丛书）
ISBN 978-7-03-071234-9

I. ①我… II. ①廖… III. ①能源–国家安全–研究–中国 IV. ①TK01

中国版本图书馆 CIP 数据核字（2022）第 000299 号

责任编辑：徐　倩 / 责任校对：贾娜娜
责任印制：张　伟 / 封面设计：有道设计

科学出版社 出版
北京东黄城根北街 16 号
邮政编码：100717
http://www.sciencep.com

北京中科印刷有限公司 印刷
科学出版社发行　各地新华书店经销
*
2023 年 3 月第 一 版　开本：720 × 1000　1/16
2023 年 3 月第一次印刷　印张：13 1/4
字数：267 000
定价：160.00 元
（如有印装质量问题，我社负责调换）

丛书编委会

主　编：

　　侯增谦　副　主　任　　国家自然科学基金委员会

副主编：

　　杨列勋　副　局　长　　国家自然科学基金委员会计划与政策局
　　刘作仪　副　主　任　　国家自然科学基金委员会管理科学部
　　陈亚军　司　　　长　　国家发展和改革委员会发展战略和规划司
　　邵永春　司　　　长　　审计署电子数据审计司
　　夏颖哲　副　主　任　　财政部政府和社会资本合作中心

编委会成员（按姓氏拼音排序）：

　　陈　雯　研　究　员　　中国科学院南京地理与湖泊研究所
　　范　英　教　　　授　　北京航空航天大学
　　胡朝晖　副　司　长　　国家发展和改革委员会发展战略和规划司
　　黄汉权　研　究　员　　国家发展和改革委员会价格成本调查中心
　　李文杰　副　主　任　　财政部政府和社会资本合作中心推广开发部
　　廖　华　教　　　授　　北京理工大学
　　马　涛　教　　　授　　哈尔滨工业大学
　　孟　春　研　究　员　　国务院发展研究中心
　　彭　敏　教　　　授　　武汉大学
　　任之光　处　　　长　　国家自然科学基金委员会管理科学部
　　石　磊　副　司　长　　审计署电子数据审计司
　　唐志豪　处　　　长　　审计署电子数据审计司
　　涂　毅　主　　　任　　财政部政府和社会资本合作中心财务部
　　王　擎　教　　　授　　西南财经大学
　　王　忠　副　司　长　　审计署电子数据审计司
　　王大涛　处　　　长　　审计署电子数据审计司
　　吴　刚　处　　　长　　国家自然科学基金委员会管理科学部
　　徐　策　原　处　长　　国家发展和改革委员会发展战略和规划司
　　杨汝岱　教　　　授　　北京大学
　　张建民　原副司长　　国家发展和改革委员会发展战略和规划司
　　张晓波　教　　　授　　北京大学
　　周黎安　教　　　授　　北京大学

丛 书 序

习近平总书记强调，编制和实施国民经济和社会发展五年规划，是我们党治国理政的重要方式①。"十四五"规划是在习近平新时代中国特色社会主义思想指导下，开启全面建设社会主义现代化国家新征程的第一个五年规划。在"十四五"规划开篇布局之际，为了有效应对新时代高质量发展所面临的国内外挑战，迫切需要对国家宏观战略中的关键问题进行系统梳理和深入研究，并在此基础上提炼关键科学问题，开展多学科、大交叉、新范式的研究，为编制实施好"十四五"规划提供有效的、基于科学理性分析的坚实支撑。

2019 年 4 月至 6 月期间，国家发展和改革委员会（简称国家发展改革委）发展战略和规划司来国家自然科学基金委员会（简称自然科学基金委）调研，研讨"十四五"规划国家宏观战略有关关键问题。与此同时，财政部政府和社会资本合作中心向自然科学基金委来函，希望自然科学基金委在探索 PPP（public-private partnership，政府和社会资本合作）改革体制、机制与政策研究上给予基础研究支持。审计署电子数据审计司领导来自然科学基金委与财务局、管理科学部会谈，商讨审计大数据和宏观经济社会运行态势监测与风险预警。

自然科学基金委党组高度重视，由委副主任亲自率队，先后到国家发展改革委、财政部、审计署调研磋商，积极落实习近平总书记关于"四个面向"的重要指示②，探讨面向国家重大需求的科学问题凝练机制，与三部委相关司局进一步沟通明确国家需求，管理科学部召开立项建议研讨会，凝练核心科学问题，并向委务会汇报专项项目资助方案。基于多部委的重要需求，自然科学基金委通过宏观调控经费支持启动"国家宏观战略中的关键问题研究"专项，服务国家重大需求，并于 2019 年 7 月发布"国家宏观战略中的关键问题研究"项目指南。领域包括重大生产力布局、产业链安全战略、能源安全问题、PPP 基础性制度建设、宏观经济风险的审计监测预警等八个方向，汇集了中国宏观经济研究院、国务院发展研究中心、北京大学等多家单位的优秀团队开展研究。

该专项项目面向国家重大需求，在组织方式上进行了一些探索。第一，加强

---

① 《习近平对"十四五"规划编制工作作出重要指示》，www.gov.cn/xinwen/2020-08/06/content_5532818.htm，2020 年 8 月 6 日。

② 《习近平主持召开科学家座谈会强调 面向世界科技前沿面向经济主战场 面向国家重大需求 面向人民生命健康 不断向科学技术广度和深度进军》（《人民日报》2020 年 9 月 12 日第 01 版）。

顶层设计，凝练科学问题。管理科学部多次会同各部委领导、学界专家研讨凝练科学问题，服务于"十四五"规划前期研究，自上而下地引导相关领域的科学家深入了解国家需求，精准确立研究边界，快速发布项目指南，高效推动专项立项。第二，加强项目的全过程管理，设立由科学家和国家部委专家组成的学术指导组，推动科学家和国家部委的交流与联动，充分发挥基础研究服务于国家重大战略需求和决策的作用。第三，加强项目内部交流，通过启动会、中期交流会和结题验收会等环节，督促项目团队聚焦关键科学问题，及时汇报、总结、凝练研究成果，推动项目形成"用得上、用得好"的政策报告，并出版系列丛书。

该专项项目旨在围绕国家经济社会等领域战略部署中的关键科学问题，开展创新性的基础理论和应用研究，为实质性提高我国经济与政策决策能力提供科学理论基础，为国民经济高质量发展提供科学支撑，助力解决我国经济、社会发展和国家安全等方面所面临的实际应用问题。通过专项项目的实施，取得了一定效果。一方面，不断探索科学问题凝练机制和项目组织管理创新，前瞻部署相关项目，产出"顶天立地"成果；另一方面，不断提升科学的经济管理理论和规范方法，运用精准有效的数据支持，加强与实际管理部门的结合，开展深度的实证性、模型化研究，通过基础研究提供合理可行的政策建议支持。

希望此套丛书的出版能够对我国宏观管理与政策研究起到促进作用，为国家发展改革委、财政部、审计署等有关部门的相关决策提供参考，同时也能对广大科研工作者有所启迪。

侯增谦

2022 年 12 月

前　言

能源是人类赖以生存和发展的重要物质基础，能源安全是关系我国经济社会发展的基础性和战略性问题。党中央历来高度重视能源安全问题，习近平总书记提出了"四个革命、一个合作"[①]能源安全新战略。能源安全是供应安全、环境安全、健康安全和应对气候变化的交汇点。面对复杂严峻的国际形势，统筹发展和安全是必须深思熟虑与科学应对的重大问题。为深入贯彻"四个革命、一个合作"能源安全新战略，守住"保粮食能源安全"底线，筑牢"国家总体安全"根基，须科学研判全球能源发展总体走势，全面分析我国能源发展的内外部环境，系统梳理我国能源发展面临的风险挑战，周密制定应对极端事件的针对性预案。

在上述背景下，国家自然科学基金委员会在 2019 年启动了"国家宏观战略中的关键性问题研究"专项，并将"我国能源安全问题研究"（批准号：71950007）列为项目之一。项目研究团队根据项目指南提出的五项内容要求开展研究工作：①分析世界能源供需中长期趋势和格局变化；②预测"十四五"时期我国能源消费总量、结构和能源消耗强度，以及我国能源安全可能面临的风险挑战；③分析不同压力情景下，我国对进口能源的最低需求量；④分析当前制约替代能源发展的体制机制障碍；⑤提出"十四五"时期我国有可能新开辟的外部能源基地和通道，以及保障国家能源安全应采取的重大举措。在项目执行过程中，项目团队根据中央提出的"保粮食能源安全"要求和"碳达峰、碳中和"目标，拓展了相关研究内容。

项目在执行期间多次召开了交流研讨会。项目团队充分吸收了与会专家提出的宝贵意见建议。为进一步促进研究共享和交流，我们在已有研究基础上进一步遴选和整合，形成了本书现有框架和内容。各章节主要内容和执笔人如下。

第 1 章能源安全观的历史演进（执笔人：廖华、任重远）。

第 2 章全球能源发展格局新趋势（执笔人：朱跃中、刘建国、田智宇、蒋钦云、戚时雨、崔成）。

第 3 章世界能源供需中长期趋势（执笔人：向福洲、廖华）。

第 4 章我国能源发展状况与需求预测（执笔人：廖华、余碧莹、唐葆君、梁

---

① 《能源的饭碗必须端在自己手里——论推动新时代中国能源高质量发展》，http://www.xinhuanet.com/energy/20220107/ad41fd256f33434cb63cb63c82453fba/c.html[2022-07-25]。

巧梅、李慧、向福洲、郑婉如、孙飞虎、吴郧、赵光普）。

第5章我国能源安全面临的风险挑战（执笔人：李慧、任重远、秦宇）。

第6章我国能源国际合作进展评估（执笔人：任重远）。

第7章极端情景下最低油气进口需求测算及应对（执笔人：赵伟刚、梁巧梅、任重远、姜洪殿、廖华）。

第8章我国有可能新开辟的外部能源基地和通道（执笔人：任重远）。

第9章制约替代能源发展的体制机制障碍研究（执笔人：陈浩、唐葆君、邹颖）。

第10章保障能源安全的若干重大举措（执笔人：廖华、唐葆君、余碧莹、梁巧梅、赵伟刚、陈浩、任重远）。

本书研究团队在研究过程中开展了充分交流和讨论，并增进了很多认识、形成了很多共识。同时，鉴于问题的复杂性、时间的紧迫性以及大家知识结构的差异，本书不同章节的个别观点或结论可能会有所差异或者不一致。我们对此给予尊重，也希望能够激发读者更多的思考。本书的主要工作完成于2020年底。近两年来，国际形势发生了新的变化，书中的部分观点和结论得到并经住了实践的检验。书中某些模型的运行是以算例的形式展现，有些判断和预测结果与后来的实际情况有所出入，我们将其呈现出来主要目的是展示研究的逻辑思路和模型方法。

北京理工大学能源与环境政策研究中心魏一鸣教授、国家发展和改革委员会能源研究所戴彦德研究员担任项目顾问。在此特别感谢他们对本书研究工作的指导帮助。我们要特别感谢国家自然科学基金委员会侯增谦院士、丁烈云院士、杨列勋、刘作仪、吴刚、霍红、任之光、李江涛、陈中飞、汪锋等领导和专家，项目开题、中期和结题会上吴晓华、董煜、郭克莎、赖德胜、苏竣、都阳、李宏军、马寿峰、王鹏飞、杨永恒、熊熊、周鹏、梁正等专家，国家发展和改革委员会规划司与国家能源局综合司领导，以及项目团队组织的历次研讨会的专家给予的指导和帮助。他们的意见与建议对开展本书研究工作起到了非常及时和重要的作用，在此衷心向他们表示诚挚的感谢。感谢北京理工大学中国工程科技前沿交叉战略研究中心、科学技术研究院的支持和帮助。感谢科学出版社马跃、徐倩等领导和编辑为本书出版做出辛勤努力与热情帮助！感谢本书引用文献和数据所属机构与作者！

尽管我们抱着科学的态度来推进本书出版，但因水平有限，书中难免存在不妥和疏漏之处，恳请各位同仁和广大读者批评指正！不胜感激！

作　者

2021年12月

目　　录

第 ◇ 1 ◇ 章

能源安全观的历史演进

能源是支撑人类文明进步的物质基础，也是现代社会发展不可或缺的基本条件。能源安全问题也因能源的重要性而产生。随着自然资源禀赋条件、社会经济技术水平和国际政治军事格局的变化，能源安全观在不断演进。当前一般意义的能源安全主要是指国家层面的能源安全，即指一国能源的使用不受他国的威胁。随着能源系统的转型，能源安全还将更多纳入能源基础设施安全、电力系统稳定，甚至环境气候因素。纵观人类历史，不同的时代有不同的能源安全观。

1.1 农业社会的朴素能源安全观

在农业社会，人口稀少，柴草资源总体丰裕且消费量不大，国家层面的能源安全问题并不十分突出。但在家庭或都城层面，能源供应保障问题受到高度重视，甚至有些朝代专门设立了燃料管理部门。尽管大部分柴草没有商品化，但其经济属性已得到充分体现。《梦粱录》中记载，"盖人家每日不可阙者，柴米油盐酱醋茶"。"柴"作为家庭生计的必需品被列在第一位。"薪水"一词出自《晋书》"薪水之事，皆自营给"，指的是家庭自给自足供应薪柴和水，与今天其所指的"工资报酬"无关。当时的农民需要投入大量劳动时间到打柴和汲水过程中，《陶渊明传》提到"汝旦夕之费，自给为难，今遣此力，助汝薪水之劳"，指的就是采集柴水需要投入很多劳动时间，专门聘请仆人帮助。柴草和木炭的采集、制作和交易，是最早的能源行业形态。市场交易和价格激励，在一定程度上保障了都城和官府的能源供应。白居易在《卖炭翁》中，用一句"心忧炭贱愿天寒"从侧面反映了天气变化对能源价格和供需关系的影响。

除了炊事取暖燃料主要用柴草以外，官府和民间还致力于开发利用其他能源动力用于农业生产，如水车、风车、畜力等。马也是重要的军事交通动力。耕牛作为一种动力，受到极高的重视甚至待遇。《礼记》曾记载"诸侯无故不杀牛"。

几乎在历朝历代，宰杀健康的耕牛都将受到重罚，甚至死刑。

虽然我国从唐宋开始，在华北地区就出现了薪柴资源匮乏问题，并愈演愈烈，但整体并不威胁到国家的稳定和安全。将高耗能的陶瓷、冶炼等产业向南方转移，利用新型燃炉提高燃料效率，提高运输效率等方式部分缓和了当时的能源供需矛盾（赵九洲，2012）。

1.2   工业革命触发对煤炭资源可耗竭性问题的担忧

以蒸汽机为代表的第一次工业革命将人类带入了煤炭时代。煤炭消费量急剧增长，从 1800 年的 0.14 亿吨增长到 1900 年的 8.3 亿吨（表 1-1）。煤炭需求量有没有顶峰？何时达到顶峰？世界煤炭储量是否会耗竭？这些问题在当时已经引起了一些学者和官员的重视。1865 年，著名的边际效用学派代表人物、英国经济学家杰文斯出版了《煤炭问题》，阐述了对煤炭资源可耗竭性的担忧。尽管能源资源的可耗竭性问题在 19 世纪已经引起注意，但在当时的学界和政界还未对其引起广泛关注（魏一鸣和廖华，2019）。国家能源安全观念不太显著，主要是因为工业化发达程度最高的欧洲地区，煤炭资源还比较丰裕，对其他地区的依赖性并不太强。例如，作为第一次工业革命的起源国，英国煤炭产量一度占到全世界产量的 80%。作为全球最大的煤炭消费国，当时英国在煤炭开发利用方面基本采用自产自销模式。虽然煤炭资源一度成为世界最主要的能源来源，但大多是自给自足的贸易形式，不存在大规模跨国流动，煤炭的供应安全问题并不凸显。

表 1-1   19 世纪煤炭消费量（单位：万吨）

年份	美国	欧洲	世界
1800	10	1 436	1 446
1810	16	1 870	1 886
1820	30	2 193	2 224
1830	80	3 745	3 825
1840	224	4 972	5 197
1850	758	7 547	8 305
1860	1 818	12 382	14 306
1870	3 668	19 083	22 908
1880	7 204	28 277	36 041
1890	14 313	39 573	55 075
1900	24 465	55 147	82 527

资料来源：Etemad 等（1991）

1.3　国家能源安全观雏形在第一次世界大战和第二次世界大战中显现

19 世纪，精细的石油开采技术和汽油发动机的发明将全球能源发展带入了石油时代。这一时期石油也逐渐成为能源安全的核心。尤其是在第一次世界大战、第二次世界大战时期，石油的使用大幅提高了军舰的动力和作战能力，在战争中发挥了不可替代的作用，使西方各国竞相加大对石油的利用。但与煤炭的情况不同，石油产地往往分布在相对偏远的地区和国家，使工业化国家普遍面临石油资源贫乏的问题。为了保障本国的石油供应稳定，国家能源安全的观念及概念开始出现。

能源安全最初是指保障国家军事所需的能源供应，主要是石油的供应，集中体现在可获得性方面。那时更多采用掠夺的方式解决能源安全问题。掠夺包括两个层面，一是对资源本身的掠夺，二是对销售价格的控制。在资源方面，如第一次世界大战期间，德国石油资源匮乏、对外依赖严重，其率先通过战争开展对罗马尼亚、阿塞拜疆石油资源的军事掠夺。德国的鲁登道夫将军曾直言，"如果没有罗马尼亚的石油，我们根本无法生存，更谈不上进行战争"（崔守军，2013）。可以看出，当时德国对他国石油的依赖程度很高，能源安全问题非常突出。如果说石油决定了第一次世界大战的胜负，那么第二次世界大战在很大程度上是为了石油而战（崔守军，2013）。第二次世界大战期间，德国在石油上的劣势是希特勒的致命弱点。为此，德国发动苏德战争，入侵高加索地区争夺巴库油田，同时德国联合意大利入侵北非，控制北非的石油，还合围伊朗和伊拉克，为德国战争机器提供石油。价格方面，为了保障对他国石油资源价格的主导权，以埃克森石油公司、壳牌公司、英国石油公司（British Petroleum，BP）、海湾石油公司、德士古公司、美孚石油公司、雪佛龙公司为代表的，来自西方国家的石油"七姐妹"进军中东，在各主要产油国互相"联姻"，结成了广泛的、多层次的关系网，形成了共存共荣的利益共同体，成为垄断资本主义石油市场的卡特尔，为保障西方各国的石油需求与安全起到极为重要的作用。

第一次世界大战和第二次世界大战期间的能源安全以西方国家意志为先导，西方国家通过战争或霸权外交征服资源国以后，其石油公司入主资源国，并扮演执行国家意志、对外战略的角色，以极低的租用费强势垄断资源国石油全产业链。其间，跨国公司单方面决定的石油价格，是一种对资源国的殖民价格，其目的是最后将廉价的石油运往本国及消费地区。这一时期能源安全观雏形开始显现，主要体现在免费获取或以低廉价格获取石油资源。

1.4　国家能源安全观从第一次石油危机开始正式形成

现代能源安全观形成的标志性事件当数 1973 年 10 月爆发的石油危机。在 20 世纪 70 年代，石油已经取代煤炭成为绝大多数发达国家的主体能源。1973 年 3 月，*Science* 杂志主编 Philip H. Abelson 发表了 "Energy and national security" 的社论，警示能源安全对美国国家安全的威胁，倡导节能及以立法保障能源安全（Abelson，1973），这也成为预警第一次石油危机的苗头。1973 年秋季爆发中东战争，阿拉伯国家拿起石油武器支援埃及、叙利亚等国。对西方国家实施的短期石油禁运、大幅提价、实施国有化等，导致油价飞涨。由于西方发达国家对石油过度依赖，依靠进口中东石油的国家经济受到不同程度的影响（曹明和魏晓平，2004）。第一次石油危机后，为了防止和减轻可能再次发生的类似冲击，西方发达国家纷纷重新制定能源战略，积极开展维护能源安全的多边合作，采取了一系列保障石油供应安全的战略措施（吴刚等，2004）。1974 年经济合作与发展组织（Organization for Economic Cooperation and Development, OECD）国际能源署（International Energy Agency，IEA）成立，首次明确了以供应和价格为中心的能源安全的概念是指可获得的（available）、买得起的（affordable）、持续的（uninterrupted）能源供应。更具体说，这里的能源安全指能源供应短缺量不应超过上一年能源进口的 7%，而且没有出现持续的难以承受的高油价（Maull，1984）。因此，稳定的能源供应和合理的能源价格是这一时期能源安全的核心问题（周新军，2017），主流观念是从供应安全的角度去定义能源安全。1979 年的第二次石油危机再次重创了发达国家，进一步加深了各国对能源安全重要性的认识。

总的来说，石油危机时期的能源安全观主要包括以下几方面特点。第一，能源安全核心是石油安全。第二，能源安全的主体对象是石油进口国。第三，石油安全的风险主要体现在石油供应的中断，其根本原因在于石油进口依赖度高且进口来源单一。第四，强调通过联合行动的方式对油价冲击进行防范和管理。第五，能源安全对国家安全至关重要，具有优先性（罗振兴，2011）。

1.5　能源共同安全观在 20 世纪八九十年代逐步显现

这一时期，国际石油市场供大于求，油价出现腰斩，从 80～100 美元/桶暴跌至 30～40 美元/桶（BP，2020），并持续低迷数十年，资源国石油出口收入剧减，经济发展受阻，进而导致政治动荡、社会骚乱。油价持续走低也会减少勘探开发投资意愿，导致生产国能源供给能力持续下降，这反过来又会严重影响国际能源供应，并最终推高能源价格，威胁进口国能源安全（罗振兴，2011）。基于此，这一时期主流的能源安全理论是从能源市场的角度来定义的。受消费国、过境国的反制与影响，资源国的能源安全观也逐步产生了。

对石油出口国而言，能源安全主要是需求方面的安全，即确保石油进入国外市场（Jakstas，2020）。为了维护本国的石油出口安全，资源国同样出台了相应的能源安全措施，如沙特阿拉伯建设了通往红海的东西原油管道，以降低对霍尔木兹海峡的依赖性。俄罗斯打造了东西伯利亚—太平洋输油管道（Eastern Siberian-Pacific Ocean pipeline，ESPO pipeline）以面向远东出口市场，通过出口市场多元化与通道多样化，提升其石油出口的安全性。综上所述，这一时期的能源安全观不仅考虑石油进口国的供应安全，也考虑石油出口国的需求安全，即从供应安全转为基于市场供求稳定的生产国与消费国共同的能源安全。与此同时，这一时期的能源安全也开始从石油领域向天然气等其他能源领域扩展，但核心依然是石油安全（罗振兴，2011）。

1.6　能源安全内涵进一步延伸到环境领域

20 世纪 80 年代开始，西方国家普遍完成工业化，生产力达到较高水平，人们的物质生活较为殷实。然而，随着能源过度消耗而导致全球环境问题日益严峻，全球气候变暖加剧，大气环境质量不断下降，人们对环保问题的重要性越发关注，并逐步达成共识（迟春洁，2011）。与此同时，整个社会和工业生产部门的能源消费结构多元化，且以清洁优质能源为主，一次能源利用替代技术取得了一定进展，发达国家拥有较为完善的战略能源储备制度和具有应对一定突发事件能力的储备规模。因此，同马斯洛对人的需求层次划分类似，人类对于能源安全也呈现一定的需求层次演进特征。国际社会要求遏制与转变碳排放增长趋势的呼声也随之增大，能源使用安全的重要性逐渐显现（周云亨等，2018）。由于能源结构的多样性，工业生产和居民消费等部门对短期某种能源供应短缺具有一定的适应与调控能力，发达国家开始重新审视本国的能源安全问题，保护环境成为新焦点。1997 年联合国气候变化框架公约参加国三次会议签订《京都议定书》，标志着世界各国重新界定了能源安全概念，其内涵既包括保障能源的安全供应，又包括能源的使用不应对人类的生存发展环境构成任何大的威胁（魏一鸣等，2012）。此次会议后，以西欧、日本为代表的发达国家率先将能源使用安全的概念纳入本国能源发展战略（周云亨等，2018）。诸多研究认为，能源安全不仅包括能源供应安全，也包括对能源生产与使用所造成环境污染的治理（魏一鸣等，2006）。这一时期，能源安全与经济安全、环境安全的联系得到了更多的重视，从维护经济安全和环境安全的角度，突显了能源安全的重要性。

21 世纪以来，随着人们对环境保护、全球气候变化和可持续发展问题逐渐达成共识，以供应安全为目标的传统安全观正逐步向综合能源安全观转变，能源安全被赋予了越来越多的新内涵。具有代表性的是亚太能源研究中心（Asia-Pacific Energy Research Center，APERC）提出的能源安全4A定义：可利用性（availability）、可获得性（accessibility）、环境的可接受能力（acceptability）、经济承受能力（affordability），涉及能源的勘探、开发和投资成本，以及消费者是否可承担能源商品价格。近年来，部分学者对能源安全内涵相关研究进行了梳理和总结，建议从能源供应、能源价格、环境影响、基础设施、社会影响、能源治理、能源效率等多个维度认识能源安全。基于科学网（Web of Science，WoS）核心收集平台的科学引文索引扩展版（Science Citation Index Expanded，SCIE）和社会科学引文索引（Social Science Citation Index，SSCI）数据库检索，2001～2019年能源安全内涵研究的演变呈以下特点：①能源供应的研究占比持续下降，从1/3下降至1/4；②能源价格的研究占比持续下降，从12%下降至8%；③环境影响的研究占比先上升后下降，2019年保持15%左右；④能源基础设施和社会影响的研究占比基本保持不变；⑤能源治理和能源效率的研究占比明显上升，分别提高5个百分点和10个百分点；⑥目前对能源安全的研究主要集中在能源供应、能源基础设施、能源治理和能源效率等方面。

1.7　新时期的能源安全观是供需安全、环境健康和气候安全的综合体现

新时期的能源安全更加强调系统性即能源安全系统观。杜祥琬（2020）认为能源安全是"以科学供给满足合理需求"。能源安全系统观更加强调全周期全过程安全，在过去狭义的能源安全观（重点强调供给、需求、技术和政策，主要体现在可获得性、稳定性和价格方面）基础上，将气候安全、环境安全、健康安全、生产安全融入其中，形成了广义的能源安全观（图1-1）。

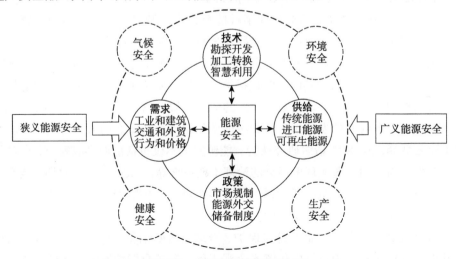

图1-1　新时期的能源安全观

气候安全体现在全球气候变化日益严峻。工业发展以及人类活动规模和强度空前增大，成为全球气候变化的主导因素。1965～2019 年，全球碳排放量从 112 亿吨大幅增加至 342 亿吨。大气中的 CO_2 浓度比 1850 年的工业化前水平提高了 48%，达到 416 ppm①。温室效应逐步显现，2020 年全球平均温度高于工业化前水平 1.2 ℃，2020 年是 2020 年之前有气象记录以来最暖的三个年份之一，2011～2020 年是 2020 年之前有记录以来最暖的 10 年。

从环境保护与气候治理上来看，2015 年 12 月 12 日在巴黎气候变化大会上通过、2016 年 4 月 22 日在纽约签署的《巴黎协定》是当前各国开展合作的纲领性文件。该协定为 2020 年后全球应对气候变化行动做出了安排。长期目标是将全球平均气温上升幅度（较前工业化时期）控制在 2 ℃以内，并努力将温升限制在 1.5 ℃以内。

环境安全和健康安全体现在化石能源开发利用破坏环境和影响居民健康。能源使用过程排放出大量的污染物，特别是散烧等导致大气污染和酸雨污染，使空气质量严重恶化。例如，1952 年伦敦的大烟雾，是一次因寒冷天气导致伦敦煤炭燃烧激增带来的严重空气污染事件。2000 年，全球居民生活用煤 1.5 亿吨，几乎全在发展中国家。根据世界卫生组织数据，2000 年大气污染导致全球 420 万人过早死亡，约 91%发生在低收入和中等收入国家，约 58%由于中风和心血管疾病致死。室内污染同样严重，造成 430 万人过早死亡。5 岁以下儿童肺炎死亡人数中，超过 50%与室内空气污染有关。

生产安全体现在对能源系统稳定的要求越来越高。以往的生产安全主要是针对煤矿、油矿开采安全，燃气和电力通常较难大规模存储，随着电气化、燃气管网、可再生电力、储能系统发展，能源系统化特性越来越强，能源基础设施（油气电管网）可靠性成为新时期能源安全观的重要组成部分。能源网络系统一旦出现故障，可能造成巨大经济损失甚至威胁生命健康和安全。能源系统安全稳定，特别是电力安全比以往任何时候都重要。虽然当前一次电力仅占一次能源消费总量的 20%，但其份额正在快速增长，从 2000 年的 15%增长到当前的 20%。如果各国按照 IEA 2000 年《世界能源展望》中规定的政策设想继续发展，到 2040 年其份额将增长到 24%。如果各国按照 2000 年《巴黎协定》和 IEA 可持续发展方案部署，电力的作用将更加强大，到 2040 年可达到能源消费的 31%。终端能源消费中，电力占比也在持续增长，电能有望成为终端用能的主体。

当前，世界主要大国对未来能源技术制高点的争夺已经展开。各国加速布局以清洁高效可持续为目标的新能源技术，如太阳能、风能、氢能、储能技术，以及核聚变技术等，新一轮能源技术变革正在发生。主要大国对发展新能源所需的

---

① 1ppm=10^{-6}。

稀有金属的争夺日趋白热化。新能源关键元素控制权成为大国争夺焦点（崔守军等，2020），如对生产燃料电池等储能设施所依赖的锂以及太阳能电池、风力发电机所需的钕、铟、银、锗、镝、铽等稀有金属的开采、出口管控日益严苛，政策不断收紧，大国对稀土的地缘争夺也在加剧。

1.8   保障能源安全是我国的重大战略需求

2014 年 6 月，习近平在中央财经领导小组第六次会议提出了"四个革命、一个合作"的能源安全新战略，他指出，"能源安全是关系国家经济社会发展的全局性、战略性问题，对国家繁荣发展、人民生活改善、社会长治久安至关重要。""面对能源供需格局新变化、国际能源发展新趋势，保障国家能源安全，必须推动能源生产和消费革命"[①]。我国面临着能源需求压力巨大、能源供给制约较多、能源生产和消费对生态环境损害严重、能源技术水平总体落后等挑战，我们必须从国家发展和安全的战略高度，审时度势，借势而为，找到顺应能源大势之道。全方位加强国际合作，实现开放条件下的能源安全。能源安全已经成为我国国家安全的重要组成部分，总体国家安全观中经济安全领域部分特别明确了"保障经济社会发展所需的资源能源持续、可靠和有效供给"。

2020 年 4 月，国家能源局发布《中华人民共和国能源法（征求意见稿）》，指出"国家统筹协调能源安全，将能源安全战略纳入国家安全战略"。十八大以来，中国发展进入新时代，能源发展也进入新时代。2020 年 4 月，面对疫情冲击，中央提出六保，"保粮食能源安全"是其中之一。2020 年 12 月，国务院新闻办公室发布《新时代的中国能源发展》白皮书，明确新时代的中国能源发展不但要维护国家能源安全、推进能源高质量发展，还要促进全球能源可持续发展，共同维护全球能源安全。2021 年 3 月，中央财经委员会第九次会议提出"要加强风险识别和管控，处理好减污降碳和能源安全、产业链供应链安全、粮食安全、群众正常生活的关系"等，再次强调了能源安全的重要性。2021 年 9 月，《中共中央   国务院关于完整准确全面贯彻新发展理念做好碳达峰碳中和工作的意见》将加快构建清洁低碳安全高效能源体系作为主要目标之一，进一步深化了能源安全系统观的内涵。

参 考 文 献

曹明，魏晓平. 2004. 关于国家能源安全问题的探讨[J]. 软科学, (6): 41-43.

---

① 《能源的饭碗必须端在自己手里——论推动新时代中国能源高质量发展》，http://www.xinhuanet.com/energy/20220107/ad41fd256f33434cb63cb63c82453fba/c.html[2022-07-25]。

迟春洁. 2011. 中国能源安全监测与预警研究[M]. 上海: 上海交通大学出版社.

崔守军. 2013. 能源大冲突: 能源失序下的大国权力变迁[M]. 北京: 石油工业出版社.

崔守军, 蔡宇, 姜墨骞. 2020. 重大技术变革与能源地缘政治转型[J]. 自然资源学报, 35 (11): 2585-2595.

杜祥琬. 2020. 确立新的能源安全观, 以能源革命保障能源安全[J]. 电力设备管理, (2): 33.

罗振兴. 2011-09-15. 能源安全概念的演变[N]. 中国社会科学报, (15).

魏一鸣, 范英, 韩智勇, 等. 2006. 中国能源报告(2006): 战略与政策研究[M]. 北京: 科学出版社.

魏一鸣, 廖华. 2019. 能源经济学[M]. 3 版. 北京: 中国人民大学出版社.

魏一鸣, 吴刚, 梁巧梅, 等. 2012. 中国能源报告(2012): 能源安全研究[M]. 北京: 科学出版社.

吴刚, 刘兰翠, 魏一鸣. 2004. 能源安全政策的国际比较[J]. 中国能源, (12): 36-41.

赵九洲. 2012. 古代华北燃料问题研究[D]. 天津: 南开大学.

周新军. 2017. 能源安全问题研究: 一个文献综述[J]. 当代经济管理, 39 (1): 1-5.

周云亨, 方恺, 叶瑞克. 2018. 能源安全观演进与中国能源转型[J]. 东北亚论坛, 27 (6): 80-91.

Abelson P H. 1973. Energy and national security[J]. Science, 179: 857.

BP. 2020. BP Statistical Review of World Energy 2020 [EB/OL]. https://file.vogel.com.cn/124/upload/resources/file/84663.pdf [2020-06-17].

Etemad B, Luciani J, Bairoch P, et al. 1991. World energy production 1800-1985. Geneva: Librairie Droz.

IIASA. 2012. Global Energy Assessment: Toward a Sustainable Future[M]. Cambridge: Cambridge University Press.

Jakstas T. 2020. What does energy security mean?[M]//Tvaronavičienė M, Ślusarczyk B. Energy Transformation Towards Sustainability. Amsterdam: Elsevier: 99-112.

Maull H W. 1984. Raw Materials, Energy and Western Security[M]. London: Macmillan Press Ltd.

第 ‹ 2 › 章

全球能源发展格局新趋势①

当前及未来一段时期是国际格局大调整、大变革的重要时期，全球经济或将延续低速增长态势，新兴经济体和发达经济体增速预计会进一步分化，全球和区域能源需求也将随之发生新的改变。虽然地缘政治不确定性会给全球能源格局带来新的调整与变化，但以清洁能源、非常规油气、分布式能源技术为代表的能源生产领域的科技进步，以高效化、低碳化、智能化、电气化为特征的能源消费领域的产业创新，以及与储能、智能电网、智慧能源等平台的交互融合，将引发全球能源供需和商业模式的根本性变化，也将重塑全球能源资源版图和消费格局，能源绿色转型是大势所趋。

2.1 能源"新美国"重塑全球能源资源版图与供求格局

受益于页岩油气的大规模开发，美国油气产量将进一步增加，由"OPEC②和俄罗斯"两极主导的石油供应格局向"美国—沙特阿拉伯—俄罗斯"大三角转变（表 2-1），同时美国在全球天然气供应格局中的地位将逐步增强，将成为与俄罗斯比肩的主要天然气供应国（戴彦德等，2017）。IEA 预测，到 2040 年，美国的原油和天然气将分别占全球原油和天然气增长的近 75%和 40%（IEA，2020）。美国能源信息署（Energy Information Administration，EIA）预计③，2025 年前，美国将有可能成为全球最大的液化天然气（liquefied natural gas，LNG）出口国；石油方面也有可能成为净出口国（图 2-1）（EIA，2020）。由此可见，集"能源生产大

---

① 本章主要工作完成于 2020 年底，其中涉及的预测数据及趋势判断均基于当时情况得出，部分内容与实际情况略有出入，主要为读者展示一种研究此类问题的思路。

② OPEC 表示石油输出国组织（Organization of Petroleum Exporting Countries）。

③ EIA 统计数据显示，2021 年美国已成为石油净出口国，并预测其原油产量将从 2018 年的 6.7 亿吨，增长至 2025 年的 8.8 亿吨，进一步增长至 2031 年的 9.1 亿吨，之后原油产量有所下降。天然气产量由 2018 年的 1390 亿立方米，增长至 2025 年 1770 亿立方米，届时美国将成为全球最大的 LNG 出口国，且此后其天然气产量将进一步增长至 2035 年的 1930 亿立方米。

国、能源消费大国、能源出口国"三重属性于一身的"新美国"已初见雏形（崔成等，2017）。

表 2-1 国际机构对沙特阿拉伯、美国、俄罗斯石油产量占比的预测

国家	IEA				BP				
	2019 年	2025 年	2030 年	2040 年	2018 年	2025 年	2030 年	2035 年	2040 年
沙特阿拉伯	12.3%	12.9%	13.0%	13.9%	12.9%	12.0%	10.9%	10.9%	12.0%
美国	18.0%	20.8%	21.1%	18.8%	14.8%	16.4%	18.2%	17.9%	16.4%
俄罗斯	12.1%	11.4%	11.0%	10.3%	12.5%	13.1%	13.2%	13.4%	13.7%
合计	42.4%	45.1%	45.1%	43.0%	40.2%	41.5%	42.3%	42.2%	42.1%

资料来源：IEA（2020），BP（2020）

注：IEA 以 2019 年数据为预测基年，BP 以 2018 年数据为预测基年

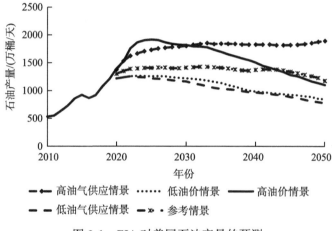

图 2-1 EIA 对美国石油产量的预测

资料来源：EIA（2020）

2022 年爆发的俄乌冲突加速了欧盟与俄罗斯能源脱钩进程，美国也将成为欧盟乃至全球的重要油气出口国，成为未来全球油气市场最具影响力的国家。可以预见，无论俄罗斯和乌克兰战局如何，俄罗斯和欧盟的能源贸易将大打折扣，美国在对欧盟油气贸易的过程中作用更加凸显，不排除美国利用自身优势，促使形成以美为核心、欧澳日韩以及中东资源国为一体的油气贸易"小圈子"，由此将对全球油气贸易格局与流向带来新的变化。

具体而言，从石油贸易流向看，未来一段时期，亚洲石油进口需求将进一步增加，而欧洲石油进口则缓慢下降，全球石油贸易格局总体上仍将是从北美、中东、俄罗斯—中亚、西非、南美等产油区流向亚洲和欧洲。

与此同时，美国天然气产量增加不仅会改变全球市场格局，也将打破管道天然气出口与 LNG 出口之间的平衡。预计 2025 年至 2030 年，将逐渐形成以美国和

俄罗斯为主，中国、伊朗、卡塔尔、澳大利亚及加拿大等国多点开花的天然气资源开发版图。随着天然气液化技术的发展及相关设施的加速建设，LNG 将超过管道天然气成为全球天然气贸易的主要方式。当前北美、欧洲、亚洲相对独立的天然气市场，也将向由北美、澳大利亚、俄罗斯、中东、非洲流向亚洲、欧洲和中南美洲的较为统一的天然气贸易格局演变。

2.2   全球能源供应宽松，中长期国际油价中低位运行

受新冠疫情影响，全球石油需求大幅下降。为了应对新冠疫情，主要经济体均采取了不同程度的限制出行措施。据不完全统计，2020 年全球超过 120 个国家对居民发布了居家令，涉及的人口约 41 亿，超过全球人口的一半。特别是作为主要石油消费地的美国有 3/4 人口出行受限，而欧洲国家中 90% 人口出行受限。初步测算，限制出行措施导致乘用车使用下降 80%，货运车辆使用下降 50%，国内航线、铁路和船舶使用下降 50%，国际航线使用下降 80%。因此，2020 年全球石油需求出现 2010 年以来的首次下降，IEA、OPEC、EIA 三家机构 2020 年 10 月预测数据显示，2020 年全球石油需求将比 2019 年分别下降 840 万桶/天、950 万桶/天、860 万桶/天（图 2-2），比 2019 年全球石油消费量下降 8.4%～9.6%。

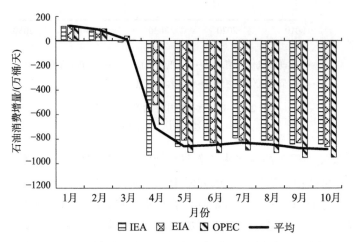

图 2-2   主要机构对 2020 年 1～10 月石油消费增量的预测
资料来源：IEA、EIA、OPEC

IEA 预测认为，石油需求恢复将是渐进的，需要一定时间。2020 年 4 月全球石油需求比 2019 年同期减少 2900 万桶/天。第二季度全球石油的平均日需求比 2019 年同期低 2310 万桶/天，12 月需求同比仍将下降 270 万桶/天（图 2-3）。EIA 预测，由于新冠疫情蔓延带来的旅行限制以及对经济活动的影响，美国石油需求

将大幅下降,其中第二季度降幅最大,至少需要 18 个月需求才能逐渐恢复至 2019 年水平。EIA 预测,2020 年,美国汽油需求量较 2019 年将下降 9%,航空燃油和燃料油需求量将分别下降 10% 和 5%。

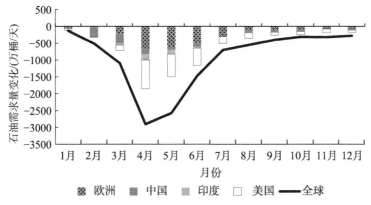

图 2-3　IEA 对 2020 年不同月份石油需求量同比变化预测

资料来源:IEA

　　近来俄乌冲突使得全球油气价格在 2022 年上半年不断攀高,油价一度击破 130 美元/桶大关,目前仍在高位波动。但总体而言,全球石油供需相对宽松,未来一段时期,随着地缘局势平缓,油价大概率中低位运行[①]。与此同时,在供应侧,"OPEC+"达成的减产协议中,并未包括全球最大的原油生产国美国。受国际油价影响,美国页岩油企业已出现明显的倒闭现象,美国原油产量有所下降。但相对于传统原油从勘探到开采至少 3 年的周期而言,页岩油仅需要半年左右,页岩油企业对市场反应快的特点,也使得其能够对国际中短期油价有明显的调控能力。页岩油企业的成本临界点在 40~50 美元/桶,如果油价超过 50 美元,美国页岩油企业钻机数量将会大幅增长。因此,在全球新冠疫情走向仍不明朗的情况下,短期内国际油价中低位波动震荡将成为常态,期间或存在疫情形势变化以及突发性供应紧张导致短期油价冲高现象,但油价难以持续高位运行。从中长期来看,随着页岩油的技术经济性进一步增强,全球石油供大于求的格局或将长期持续。

　　疫情冲击难以改变全球石油消费达峰趋势,新冠疫情给全球经济造成了极大冲击,消费放缓不利于更新燃油经济性更高的燃油车。但是主要国际经济组织呼吁将投资新能源产业作为提升经济的主要抓手,英、法、德及我国都出台了更为积极的节能和新能源汽车推广激励措施。此外,疫情期间,远程办公、智能物流等业态快速发展,全球石油需求达峰大趋势难以改变,特别是近期油价高涨也促使消费者与生产厂商进一步审视汽车的消费转型,不少国家石油消费替代或将加

[①] 按 2019 年不变价计算。

速，供求基本面的变化将决定未来油价总体上将在中低位运行。

2.3　全球能源转型步伐加速，可再生能源已成为重要力量

具有法律约束力的《巴黎协定》的签署，意味着积极应对全球气候变化正从共识走向实际行动，气候变化已成为各国能源发展的重大约束，目前世界主要国家都把促进本国的低碳绿色发展作为能源环境政策的主要取向。欧盟在 2030 年战略中提出要实现碳减排 40%，可再生能源比例 32%的目标；日本政府提出到 2030 年低碳电力占比 44%；德国提出 2050 年碳减排 80%～95%，可再生能源比重达80%。虽然特朗普执政期间，美国退出了《巴黎协定》，但以加利福尼亚州为代表的州政府则提出地方能源转型目标，如加利福尼亚州提出到 2030 年温室气体排放减少 40%，可再生能源占比达到 60%。拜登执政后，美国重新加入《巴黎协定》，并表示将气候问题作为美国外交政策的重点之一。在相关政策的支撑和引导下，新能源领域科技研发与投入不断增加，全球能源正加速向低碳化、无碳化方向演变，全球能源绿色低碳转型已呈不可逆转之势。

伴随着全球能源转型步伐加速，虽然煤炭资源储量还很丰富，但其利用场景将大为减少，导致煤炭投资与需求增速大大放缓，其产量将在近期达峰后出现下降。事实上，欧美发达国家煤炭消费量也呈现下降态势，BP 能源统计年鉴显示，2009～2019 年美国煤炭消费下降了 40%，欧盟煤炭消费下降了 25%(图 2-4)(BP，2021)；而随着风电、光伏等可再生能源分布式利用以及储能使用成本降低，可再生能源在一次能源供应中的竞争力不断增强，其占比还将持续明显增加。

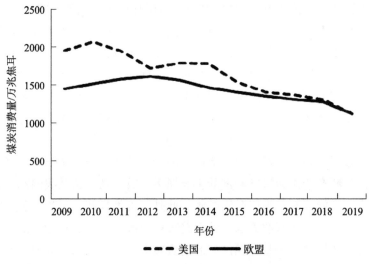

图 2-4　2009～2019 年欧美煤炭消费情况

资料来源：BP（2021）

多家机构预测表明，可再生能源已成为全球能源转型重要力量。全球可再生能源开发并不均衡，呈现出中国、欧盟、美国三家引领的局面（图 2-5）。随着技术进步及产业规模扩大，可再生能源开发成本将进一步下降，特别是伴随着储能技术发展，可再生能源间歇性的先天不足将被弥补，可再生能源有望成为未来新增电力需求的主要来源。据国际可再生能源署（International Renewable Energy Agency，IRENA）预测，2025 年前新能源发电成本将普遍低于化石能源，而 IEA 预计，2035 年，全球可再生能源发电占比将增长到 40% 左右。届时，各国将根据自身可再生能源资源禀赋特点，各有侧重地推动风电、光伏、水电、生物质能等低碳能源发展，全球能源转型也将步入快车道。

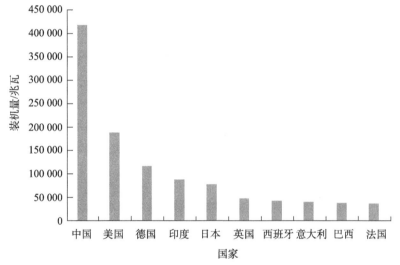

图 2-5　2019 年主要国家可再生能源装机量
资料来源：IRENA（2019）

值得关注的是，受俄乌冲突影响，欧盟国家天然气价格暴涨，民生受到剧烈冲击，出于安全考虑，德国、意大利、英国、西班牙、法国等先后宣布重启煤电或核电；从全球来看，短期内油气价格高涨，也会促使相关国家采取煤炭对天然气的逆向替代政策，全球绿色低碳能源转型步伐会有所放缓甚至逆转，但长期来看，俄罗斯和乌克兰冲突带来的高油价也将刺激全球资本流入可再生能源、储能、智能电网、电动汽车、核电和生物燃料等领域，这可能加快欧盟和全球的清洁能源转型步伐，风光水核等可再生能源发展前景与作用将更加凸显。

2.4　技术创新融合发展推动能源行业发展模式和业态重塑

能源技术、能源市场及能源理念的变化，推动各国能源系统朝着绿色、低碳、多元和智能方向发展。特别是随着新能源、智能家居、先进制造、电动汽车、智慧能源技术不断成熟和成本快速下降，其与大数据、云计算、物联网、共享经济等深度融合持续推动了终端用能电气化。从2000年到2019年，电力在全球终端用能比重已从15.5%提升到19.4%。其中，建筑领域电气化增长速度最快，占比由2000年的23.6%增加到2019年的33.0%。工业领域电气化持续提高，占比由2000年的24.8%增加到2019年的28.1%。IEA基于各国自主减排贡献确定的政策与目标，确定了既定政策情景的参数假设。该情景预测电能在全球终端能源消费中的比重持续平稳上升，2040年达到24.2%，比2019年增加4.8个百分点。其中，建筑领域电气化增长速度最快，电力在其终端能源消费中的占比由2019年的33.0%增加到2040年的42.9%，工业领域电力在其终端能源消费中的占比由2019年的28.1%增加到2040年30.9%，交通运输领域电力在其终端能源消费中的占比由2019年的1.2%增加到2040年的5.0%。IEA在可持续情景中预测，电力在全球终端用能中的占比将由2019年的19.4%增长至2040年的30.6%，比既定政策情景增加约6个百分点，在终端能源需求中占比将超过石油（目前其占比不到石油的一半）。由于用能方式改变，特别是电动汽车的加快推广，建筑和交通运输领域电气化率增长迅猛，2040年分别达到51.6%和12.9%，比2019年分别提高18.6个百分点和11.7个百分点。此外，工业领域电气化率也进一步提高，占比由2019年的28.1%增加到2040年的37.7%（表2-2）。

表2-2 IEA对电力在不同部门终端能源消费中占比的预测

部门	2000年	2019年	既定政策情景			可持续情景		
			2025年	2030年	2040年	2025年	2030年	2040年
工业	24.8%	28.1%	29.1%	29.7%	30.9%	30.1%	32.5%	37.7%
建筑	23.6%	33.0%	35.2%	37.7%	42.9%	37.7%	44.4%	51.6%
交通运输	1.0%	1.2%	1.8%	2.6%	5.0%	2.1%	4.2%	12.9%
全行业	15.5%	19.4%	20.4%	21.6%	24.2%	21.2%	24.0%	30.6%

资料来源：IEA（2020）

高比例可再生能源引领建设灵活、智能、开放、共享的未来能源系统。随着可再生能源比重的增加，终端需求、能源供应、基础设施建设和运行管理等方面需进行深刻的创新，交通、建筑、工业等终端部门需要协同转型，积极发展可再生能源直接供热、热泵、分布式发电、氢能等各种储能设施。丹麦积极推动电热综合系统，德国启动能源数字化示范工程。近年来，为促进可再生能源高比例发展，各国和组织推进监管架构和法律法规变革，制订跨部门的能源转型方案和实施机制，适应波动性新能源的电力市场机制、促进电力市场融合，保障能源领域高度开放竞争。例如，欧盟通过立法，确定各国发展目标，构建整个区域内强强联结的电网和统一电力市场，确保电力系统稳定而灵活地接纳高比例可再生能源。

技术创新融合发展，去中心化初见端倪。围绕分布式可再生能源发电为核心的电动汽车、工业灵活负荷、数据中心、智能家居等负荷侧资源与上游供能系统的双向互动将成为能源系统运行的常态，虚拟电厂、负荷集成商等将成为电力市场中的重要角色。可以预见，随着数字化的发展、储能成本持续下降以及可再生能源技术性价比日益提高，以去中心化为主要特征的分布式能源供应模式得以快速发展，能源系统去中心化趋势将日益明显。能源生产者与消费者一体化示范工程将不断涌现，人工智能、物联网、大数据等技术不断向工业与交通等终端部门渗透，分布式燃气与光伏、热泵及储能、工业余热与城市供暖等应用也会如火如荼，"互联网+可再生能源"将催生能源行业发展新模式和新业态，届时能源行业发展模式和业态将不断被重塑与创新。

与此同时，清洁低碳能源生产主体多元化，各类企业和社区民众日益重视购买、生产和消费绿色可再生能源。在可持续发展目标和日益多样化的采购选择推动下，越来越多的企业直接采购可再生能源。截至 2018 年底，全球约有 150 家大型企业（如苹果公司）等承诺实现 100%的可再生能源。而且，随着气候变化、企业社会责任、可再生能源成本不断下降、能源多元化的努力、投融资和风险控制工具的创新，壳牌、高盛等油气和资产管理公司，以及一些小型公司也加大投资和购买可再生能源资产。美国数百个社区制定目标在 2035 年之前实现全社区100%使用可再生能源，通过社区选择聚合（Community Choice Aggregation，CCA）等项目将居民、企业和市政共同生产消费可再生能源，推出新的商业模式。

2.5　地缘政治不稳定因素增大国际能源合作不确定性

未来一段时期将是国际大变局的重要嬗变期，地缘政治博弈日趋复杂，大国博弈加剧，国际经贸投资规则秩序重构等将波及能源领域（严晓辉等，2020）。美国因素将成为最大变量，特别是美国在此期间将成为全球最大的油气出口国，其对国际能源市场的影响力和干涉力进一步加强，将深刻影响全球能源和经济格局，使得国际能源市场充满变数与风险，此次俄罗斯和乌克兰冲突也凸显了美国在其中的作用。

随着美国不断摆脱对中东能源的依赖，其在中东和全球的战略腾挪将更加灵活（高世宪和朱跃中，2016）。美国在战略上将重新定位中东，不排除其扰动中东乃至敏感地区的地缘局势为其战略服务，加之中美贸易争端、孤立保护主义、民粹主义、恐怖主义等挑战层出不穷，保障能源持续供应、安全运输面临风险增多（富景筠，2020）。另外，尽管谋求全球能源主导权战略由特朗普政府提出（罗振兴，2020），在美国油气（特别是天然气）出口能力增加可以预期的背景下（图 2-6），拜登政府或将延续该战略，美国、OPEC 和俄罗斯三方博弈将主导未来国际油气市场的风云变幻，围绕供需平衡的博弈较量也必将更加激烈和难以协调。

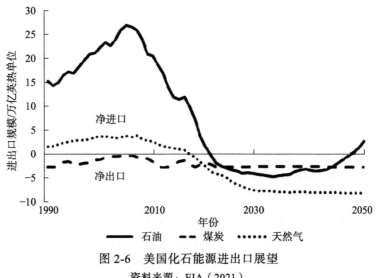

图 2-6 美国化石能源进出口展望
资料来源：EIA（2021）

此外，拜登就任后，美国气候能源政策出现了重大调整。上任第一天即签署17 项总统令，包括重新加入《巴黎协定》，并宣布于 2021 年国际地球日牵头召开气候领导人峰会。拜登政府或将调整美国在地区热点问题上的政策，特别是在中东问题上，拜登政府正逐步调整美国与阿拉伯国家的关系，重新找回美国在中东的平衡点。美国中东政策调整，叠加该地区固有的民族宗教矛盾以及恐怖主义威胁，中东地区仍存在爆发小规模冲突的可能，这也将影响全球能源地缘政治和经济安全，给全球能源安全带来新的不确定性因素。

2.6　新冠疫情对全球能源经济形成新冲击

1. 疫情延缓全球经济发展

2019 年底开始的新冠疫情持久损害了全球经济前景。受疫情影响，世界经济陷入衰退，我国成为 2020 年全球经济与能源需求基石。国际货币基金组织（International Monetary Fund，IMF）2021 年 10 月发布的《世界经济展望》报告中，2020 年全球 GDP 下降 3.1%（2019 年增速为 2.8%），美国 GDP 下降 3.4%，德国 GDP 下降 4.6%，意大利 GDP 下降 8.9%，英国 GDP 下降 9.8%，印度 GDP 下降 7.3%，约 9000 万人收入降到 1.9 美元/天的极端贫困线之下（IMF，2021）。中国是主要经济体中唯一实现正增长的大国，全年 GDP 增长 2.3%。2021 年全球经济增速回升到 6.0%，2022 年回落到 3.2%，2023 年预计进一步回落至 2.7%（IMF，2022）（表 2-3）。上述分析显示，得益于高效及时的疫情管控，我国在主要经济体中能源经济恢复较快，成为当前全球经济增长和能源需求的压舱石。

表 2-3　世界主要经济体经济增速

主要经济体	2019 年	2020 年	2021 年	2022 年	2023 年
全球	2.8%	−3.1%	6.0%	3.2%	2.7%
发达经济体	1.6%	−4.5%	5.2%	2.4%	1.1%
美国	2.2%	−3.4%	5.7%	1.6%	1.0%
欧元区	1.3%	−6.3%	5.2%	3.1%	0.5%
日本	0.3%	−4.6%	1.7%	1.7%	1.6%
英国	1.4%	−9.8%	7.4%	3.6%	0.3%
新兴市场和发展中经济体	3.6%	−2.1%	6.6%	3.7%	3.7%
中国	6.0%	2.3%	8.1%	3.2%	3.7%
印度	4.2%	−7.3%	8.7%	6.8%	6.1%
欧洲新兴市场和发展中经济体	2.2%	−2.0%	6.8%	0.0%	0.6%
俄罗斯	1.3%	−3.0%	4.7%	−3.4%	−2.3%

资料来源：IMF《世界经济展望》（2021 年 10 月、2022 年 10 月）。2019 年、2020 年、2021 年为实际值，2022 年为估计值，2023 年为预测值

IEA 在 2020 年 11 月发布的报告《世界能源展望 2020》中指出，新冠疫情对能源经济发展带来重大不确定性，疫情远未结束，疫情持续时间、经济复苏曲线、主要经济体在经济复苏政策中是否做绿色复苏考量等都是关键的变量。疫情将限制发展中国家收入增长，导致房地产建筑活动下降，汽车和主要家电购买力萎缩，若疫情持续，即在延迟复苏情景（delayed recovery scenario，DRS）下，2019～2030 年全球 GDP 年均增速降至 2.2%。

2. 疫情给全球能源系统带来巨大冲击

一是疫情重创了全球能源需求。新冠疫情是近年来对能源部门冲击最大的历史性事件。根据 IEA 数据，受经济停摆影响，2020 年全球能源需求下降 4.6%，能源投资减少 18%。其中石油需求受影响最为严重，下降 8%，煤炭下降 7%，天然气下降 3%，电力下降 2%。可再生能源受影响最小，轻微增长 0.9%。能源部门碳排放量减少 7%，下降 2.4 吉吨，回到了 2010 年水平。2021 年全球能源需求比 2020 年增长 5.2%，比 2019 年增加 1.4%。

二是疫情加剧了能源贫困和能源不平等。根据 IEA 数据，疫情抹杀了多年来全球在提升能源可及性方面的努力，撒哈拉以南非洲地区无电人口在 2020 年和 2021 年连续两年上升。该地区 2019 年有 5.8 亿无电人口，占全球比重的 3/4。疫

情使各国政府集中应对急迫的公共卫生和经济危机，能源公用事业公司陷入严重的财务压力。在赤字较高的国家，增加能源可及性项目的贷款成本剧增。如果疫情持续不退，这一趋势只会进一步加剧。疫情使全球范围内贫困人口上升，导致已经用上现代电力的 1.3 亿人口无法继续负担基础电力服务成本，而重新使用污染和低效能源。如果缺乏新的支持政策，则 2030 年全球无电人口将上升到 6.6 亿，缺乏清洁炊事用能的人口则会高达 24 亿。

三是疫情催化了煤炭需求永久性结构性下降。IEA 分析显示，即使没有新的控煤政策颁布，全球煤炭需求也不会再回到疫情前水平，预计 2040 年煤炭占总需求比重在工业革命后首次低于 20%。煤炭需求下降一方面源于经济衰退导致电煤和工业用煤需求大幅降低，另一方面受全球退煤政策潮流及天然气和可再生能源竞争力增强影响，预计 2025 年全球将有 275 吉瓦火电退役（达 2019 年总量 13%），其中美国和欧盟占 175 吉瓦。如果要实现巴黎协定目标，则煤电在全球电力中比重须从 2019 年的 37%降低到 2030 年的 15%。

3. 疫情后绿色复苏任重道远

从经济前景角度看，全球经济刺激计划不足以支持绿色复苏。为应对疫情导致的经济影响，主要经济体均出台了刺激计划，但全球经济前景仍不乐观。本次全球经济衰退的持续时间将超出预期，美国国会预算办公室预计复苏需要 10 年时间，因此不能使用 2008 年"及时、暂时、针对性"的刺激原则。根据 IEA 研究，2021～2023 年每百万美元支出在建筑改造领域可创造 9～30 个就业岗位，而在陆上风电领域仅可创造 1.5 个岗位，仅关注短期就业等目标不利于绿色复苏。各国政府在制定经济刺激政策时要着眼长期，才能实现经济复苏和应对气候变化的双重目标，否则随着经济重启，碳排放量将迅速回升。截至目前，只有欧盟的行动符合绿色复苏的路径，其疫情复苏计划中的 1/4 资金将用于气候优先事项。美国等国家的复苏刺激计划则多为偏重扶持短期就业。

从支持长期碳减排的角度看，疫情后各国能源政策选择具有历史意义，当前政策远不足以实现长期碳减排。疫情造成的碳减排是暂时的，低经济增长并不等于低排放路径。IEA 分析显示，按现有政策情景，2027 年碳排放量将超过 2019 年水平，2030 年达到 36 吉吨，造成 2100 年全球升温约 2.7 ℃，应对气候变化的形势仍然严峻，满足《巴黎协定》目标的减排量远远不够。一方面，尽管预计此次碳排放反弹的速度会远远低于 2008 年金融危机之后，但排放降低仍然来自经济停摆，而不是能源结构的根本变革，疫情下的能源价格低迷，也降低了能效投资的回报。另一方面，目前迹象表明，尽管油气生产有所下降，生产相关甲烷排放并没有显著降低。欧盟多国提出了净零排放目标，天然气部门低碳转型和甲烷排放成为这些国家的重要挑战。要真正打破碳排放路径，需要结构性变革，目前各国的能源政策选择具备历史意义。其中，要实现《巴黎协定》，则 2030 年前全球现有煤电需要全面改造或退役，才能实现煤炭部门排放减半。在减排部门上，除可再生电力相关技术外，还须重视难以电气化行业的脱碳技术的应用，包括氢能、碳捕集、下一代核能、数字化等，以实现长远有效的减排路径。

2.7 发达国家提升能源安全的做法与启示

能源安全事关国家和经济安全，欧盟及美国、日本等高度重视能源安全保障工作，并积累了较丰富的经验。其相关做法和举措对我国提高能源安全风险防范能力具有重要借鉴意义。

1. 油气战略储备体系是主要抓手

欧盟及美国、日本等保障能源安全的突出特点是建立油气战略储备体系，并将其作为应对突发事件、防止供应短缺的重要手段。为应对石油危机而成立的 IEA，在其成立之初便将保证持续稳定且价格合理的石油供应作为能源安全的核心，并要求其成员国中的石油净进口国具有至少 90 天石油进口需求的储备（韩文科和张有生，2014）。IEA 数据显示，截至 2022 年 10 月，IEA 石油净进口国石油储备天数达到了 240 天（表 2-4）。

表 2-4 **IEA 主要成员石油储备情况**（单位：天）

国家或组织	总储备	商业储备	官方储备
美国	2436	1689	747
日本	220	90	130
韩国	199	105	94
法国	115	39	76
德国	133	42	91
意大利	132	114	18
英国	187	187	0
IEA 欧洲国家平均值	140	83	57
IEA 石油净进口国平均值	240	148	92

资料来源：根据 IEA 资料整理

美国是全球战略石油储备量最大的国家，其储备来自油轮和地下深层储油岩库，可容纳超过 7 亿桶原油。美国的战略石油储备有完善的法律保障，包括官方储备和商业储备两种形式，对商业储备量没有严格的规定，企业可以根据市场情况自行决定储备量，这在一定程度上扩大了企业的自主权。历史上，美国的战略石油储备在多次危机中都起到了关键性作用（表 2-5）。随着美国石油净进口量的下降，其石油储备天数大幅增加，2022 年 10 月其总储备天数达到 2436 天。

表 2-5　美国战略石油储备策略

时间背景	规模/万桶	战略石油储备策略
1990 年海湾战争	2114	为战争提供石油，稳定国际石油价格
1998 年亚洲金融危机	2825	采用"高抛低吸"策略，减少了财政赤字和储备成本
2001 年美国寒冬	2907	缓解了美国东北部的冬季取暖用油矛盾
2005 年卡特里娜飓风	1620	缓解了飓风对石油供应的冲击
2008 年次贷危机	539	采用"高抛低吸"策略，稳定经济和降低储备成本
2011 年利比亚战争	3000	弥补战争所带来的石油供应不足
2014 年乌克兰危机	500	战略释放，压低原油价格，对俄罗斯进一步施压
2017 年哈维飓风	100	缓解飓风对石油供应的冲击

资料来源：作者根据 EIA 资料整理

日本国内石油资源虽然极其匮乏、海外依存度高，但是并未给日本能源安全带来事实上的高风险，其原因在于日本建立了有效的战略石油储备体系。日本石油储备不仅规模大（截至 2022 年 10 月日本石油储备天数为 220 天），而且储备基地布局分散均衡，储备方式多样。从日本石油储备体系构成看，其建立了多层次的储备模式，包括由国家直接管理的国家储备、民间石油企业依据法律义务实施的民间储备以及与中东产油国合作开展的共同储备三部分组成。同时日本石油储备管理体制相对完善，包括石油储备法律体系、管理方式和石油储备的应急管理体制。在储备管理方面，日本注重方式创新，从国家直接管理模式改为第三方管理模式（表 2-6）。

表 2-6　日本储备管理体制比较

类别		管理体制变化前（国家直接管理）	管理体制变化后（第三方管理）
产权性质	国家储备的石油	石油公团	国家（拥有决策权）
	国家储备基地	国家储备公司(石油公团出资 70%，民间资本出资 30%)	
	国家储备基地的土地	石油公团	
国家储备的管理主体		石油公团	日本国家石油天然气和金属公司（具有独立的管理权）
国家储备基地的操作主体		国家储备公司(石油公团出资 70%，民间资本出资 30%)	操作服务公司（100%民间资本）
运行机制（契约方式）		签订"原油寄存委托合同"（石油公团与国家储备公司）	签订"管理委托合同"（国家委托日本国家石油天然气和金属公司）；签订"操作委托合同"（日本国家石油天然气和金属公司委托操作服务公司）

资料来源：依据日本经济产业省能源资源厅等资料整理

欧洲主要国家的战略石油储备实行的是一种机构储备与商业储备相结合、以机构储备为主导的模式。机构储备，就是政府或企业在有效控制整体储备的前提下，由大型代理机构具体组织企业实施储备和运转的一种储备方式。截至 2022 年 10 月，英国 187 天的战略石油储备均为商业储备，意大利 132 天的储备中 114 天为商业储备。同时，不同成员国的石油储备方式也有很大差异。与大多数国家战略储备以原油为主不同，法国以储备成品油为主。德国石油储备也只有约 50%为原油，其余为汽油和中间馏分油。

2. 应急管理体系是重要保障

欧盟及美国、日本等均高度重视危机应对机制的建设和应急反应能力的提高。美国能源应急安全体系的内在机制建构遵循"政策、法律和体制"三位一体的思路，三者形成合力共同发挥作用。美国建立了完整的能源信息收集与分析体系，并成立了隶属于能源部的统计机构——EIA，由其执行能源调查、统计和发布工作。EIA 不参与美国政府能源政策和法规的制定，但根据美国国会的要求利用模型对调查得到的数据进行分析，还根据要求对政策的效果做出评估。美国能源安全战略实践中，将能源政策与能源法视为一体，任何一项能源安全战略实践几乎都可从能源法中找到法律依据或者获得法律授权。这使得其国家能源安全机制具有权威性、长期性、稳定性和前瞻性等特点。

欧盟能源安全战略取得成效的重要原因在于各项战略目标和措施能够依靠法律手段顺利落实。欧盟发布的指令和决定等具有法律效力的文件，有的是对能源政策的全面规划，有的是具体规定要求执行的标准、程序和指标，有的是对成员国一些成功做法的推广。例如，德国 1965 年颁布《石油制品最低储量法》，按照市场调节为主、政府干预为辅的原则，要求所有从事石油及石油制品进口和生产的企业，必须拥有"应对石油供应短期中断"的储备。法律赋予"石油战略储备行业委员会"项目审批的权力，德国任何地方建立石油储备的具体位置必须征得该委员会的同意。

3. 推进节能增效与能源转型是普遍做法

为了提升能源安全水平，欧盟、日本等大力推进节能增效，并积极开发可再生能源，以减少对化石能源的依赖。在节能增效方面，欧盟针对 2020 年、2030 年和 2050 年制定了三步走的能效目标。从具体措施看，欧盟国家采取一系列举措来提高能效，包括：国内能源相关企业通过节能措施，每年减少约 1.5%能源消耗；每年对由中央政府拥有或占用的至少 3%的建筑进行翻新改造；建筑物的出售或租赁须强制性附带能效证书；采用最低的能效标准并标注在各种商品中；每三年策划一次国内能源效率行动等多项举措。日本的节能措施更是非常全面，同时采取经济引导与法规强制并重的方式，提升企业和民众参与积极性。在家庭用能方面，提倡使用节能电器，通过制定建筑耗能标准和节能建材补助，鼓励居民对现有住宅进行节能改造，规定在 2020 年新建住宅过半数要实现零耗能。在产业用能方面，针对产品单耗进行管理，提升能源效率，并对淘汰落后产能与调整产业结构起到间接作用。在交通运输用能方面，促进汽车降低油耗，对混合动力汽车、纯电动车和氢燃料电池车等新能源汽车进行补贴。

在推动可再生能源发展方面。欧盟充分开发利用本土风能、太阳能、水电、生物质等可再生资源。通过可再生能源配额制、补贴等多种手段，使得欧盟国家风电、太阳能高比例开发利用步伐走在世界前列。同时，为推动欧盟各国发展可再生能源，欧盟通过立法的形式加大推进力度。其中，欧盟制定了《可再生能源指令》并于 2009 年 5 月开始生效，欧盟各成员国必须依据指令的要求来制订与推行国家可再生能源行动计划。日本同样积极推进能源结构多元化转型，缓解能源安全压力。一是积极发展核电，改善能源结构。核电曾是日本的基荷电源，核电曾经占到日本全国电力供应的 30%左右，但 2011 年地震导致福岛的两个核反应堆发生泄漏，其后日本宣布关停了全部核反应堆。日本核电发展一度停滞受阻，导致火力发电所需化石燃料进口大增，同时平均发电成本显著提升，日本能源供应安全压力也相应增加。为缓解电力紧张形势，保障能源安全，2015 年日本开始逐渐重启核电。2018 年 7 月日本政府批准"第五次基本能源计划"，明确核电在其 2030 年发电中占比达到 20%至 22%的基荷电源定位。二是加速可再生能源发展。日本积极推动风电、光电、生物质能和地热能的发展应用。同时，日本高度重视发展氢能源，日本在第一次石油危机爆发的 1973 年就成立了氢能源协会，在 2013 年安倍政府推出的日本再兴战略中，把发展氢能源提升为国策；2017 年 12 月，日本发布氢能基本战略，主要目标包括到 2030 年左右实现氢能源发电商用化，致力于建设氢能源社会、在氢能源利用方面引领世界。

4. 针对性施策是核心力量

美国方面，积极推动"能源独立"，并利用军事力量保障能源安全。20 世纪 70 年代的两次石油危机对依赖石油进口的美国经济社会发展造成巨大冲击。受此影响，历届美国政府均把能源安全问题放在优先地位，实现"能源独立"是美国保证能源安全的战略目标之一。奥巴马一上台就提出"能源独立"计划，出台《未来能源安全蓝图》（Blueprint for a Secure Energy Future），以推动美国的能源产业转型，大力发展新能源和可再生能源。大规模开发页岩气，使得美国石油对外依存度从 2005 年的 60.3%的高点降至 2016 年的 24.7%，对波斯湾国家石油进口依赖度从 2001 年的 14.1%高点降至 2016 年的 7%左右。美国天然气对外依存度从 2007 年的 16.4%高点降至 2016 年的 3%以下，且进口来源地向周边国家和地区高度集中，其中 99%以上来自加拿大、特立尼达和多巴哥两个国家。2016 年美国能源对外依存度已从 2005 年的 30%以上降至 10%左右，"能源独立"取得明显成效。同样，特朗普就职后不久，便提出了"美国优先能源计划"，进一步加大开发本土能源，进一步减少石油进口；继续推进页岩油气革命；支持清洁煤技术，重振美国煤炭工业。特朗普政府的"能源独立"政策将石油和天然气看作美国能源独立的核心，并支持煤炭行业发展。同时，长期以来，美国利用其强大的军事力量保障能源供应安全。美国在中东地区一直拥有数十个军事基地，重点是控制油气资源丰富的波斯湾地区。"9·11"事件发生后，美国以反恐的名义，在哈萨克斯坦、乌兹别克斯坦等中亚国家建立军事基地和驻扎军事力量，并加强在东南亚和非洲的军事力量。这些军事基地和军事力量的主要任务之一就是保障美国从这些地区的石油进口。

日本方面，重视能源外交，并深入开展全球油气产业链合作。日本打造扎实的能源外交合作，与主要能源供应国建立紧密的双边关系。通过积极开展首脑外交，为能源贸易创造一个政府间互信的双边环境。并且在这些国家的各个社会层面开展多样化的经济贸易和人才交流。另外，日本与各国的海运安全组织开展多种合作，以保障日本运输船的安全航行，如资助建设海港基础设施、增强沿海地区灾害应急救援体系等。日本基于《亚洲地区反海盗及武装劫船合作协定》（Regional Cooperation Agreement on Combating Piracy and Armed Robbery Against Ships in Asia）和对马六甲海峡沿岸国的反海盗援助，深化与美国在海上安全方面的合作。同时，日本积极参与全球油气全产业链合作。日本一直以来力求能源进口的多元化，希望降低对中东能源的依赖。美国页岩油气革命成功后，日本积极扩大进口美国的原油和天然气，不断增加北美页岩油气项目投资。日本还与非洲新兴资源供应国保持密切的合作关系，积极参与海外油气上游项目投资、并购，以获得权益油、气和煤。日本为了保障天然气供应的稳定，全面介入海外上游天然气田，通往码头的输气管道、液化设施和 LNG 码头，运输船队等上中游全产业链的合作。

欧盟方面，欧盟强调内部协调保障能源供应安全。例如，2015 年 2 月，欧盟正式宣布成立能源联盟，其战略目标是降低欧盟对进口石油和天然气的依存度，帮助成员国实现能源多样化，保障欧盟能源的安全和可持续性。能源联盟的主要内容包括保障能源供应安全、建立具有竞争力的内部一体化能源市场、提高能源效率、实行经济低碳化以及加强科技研发和创新等五个方面。同时，法国法律规定，法国如要动用战略石油储备，还必须与欧盟以及国际能源机构协调行动。德国与欧盟其他成员国签订了石油储备双边互助协议，根据协议，德国石油储备协会可以租用这些国家的储备设施。乌克兰危机之后，欧盟降低对俄罗斯能源依赖的紧迫性不断被提上日程。欧盟委员会推出最新的欧洲能源安全战略，强调将致力于减少对外部能源的依赖度。此外，欧盟还强调应协调各国的能源政策，以便在与俄罗斯等外部供应方进行谈判时形成统一战线。

参 考 文 献

崔成, 刘建国, 蒋钦云. 2017. 特朗普"美国能源主导权"战略的重大冲击[J]. 中国经贸导刊, 33:25-28.

戴彦德, 朱跃中, 刘建国. 2017. 从特朗普能源新政看中国能源安全形势[J]. 中国经济报告, (4):70-73.

富景筠. 2020. 新冠疫情冲击下的能源市场、地缘政治与全球能源治理[J]. 东北亚论坛, (4): 99-112, 128.

高世宪, 朱跃中. 2016. 依托"一带一路"深化国际能源合作[M]. 北京: 中国经济出版社.

韩文科, 张有生. 2014. 能源安全战略[M]. 北京: 学习出版社.

罗振兴. 2020. 贸易战背景下的中美能源博弈与合作[J]. 现代国际关系, (2): 46-53, 63.

严晓辉, 李伟起, 谢克昌. 2020. 新时期我国能源安全形势分析及对策研究[J]. 能源科技, (1): 3-7.

BP. 2020. Energy Outlook 2020[R]. https://www.doc88.com/p-69159431572725.html [2021-11-18].

BP. 2021. Statistical Review of World Energy 2020[R]. https://file.vogel.com.cn/124/upload/resources/file/84663.pdf [2021-07-02].

EIA. 2020. Annual Energy Outlook 2020[R]. Washington D.C.: U.S. Energy Information Administration.

EIA. 2021. https://www.eia.gov/outlooks/aeo/data/browser/[2021-11-20].

IEA. 2020. World Energy Outlook 2020[R]. Paris: International Energy Agency.

IMF. 2021. World Economic Outlook[R]. Washington D.C.: International Monetary Fund.

IMF. 2022. World Economic Outlook[R]. Washington D.C.: International Monetary Fund.

IRENA. 2019. Country Rankings. https://www.irena.org/Data/View-data-by-topic/Capacity-and-Generation/Country-Rankings[2019-07-20].

第 **3** 章

世界能源供需中长期趋势

面对世界百年未有之大变局，在能源安全内涵不断深化，能源转型加速演进的大背景下，总结世界能源发展中长期规律，抓住世界能源格局最新变化，分析世界能源未来发展趋势，是能源安全研究的重要内容。本章围绕世界能源资源禀赋、供需格局、贸易等主要方面，从多个维度分析世界近年来能源发展总趋势和新变化。

3.1 非可再生能源资源分布不均

1. 石油总体储采比长期稳定在 50 年左右，亚欧地区仅 20 年

世界原油探明储量呈平稳上升趋势。根据 BP 数据，2000～2020 年，世界原油探明储量增长 33.2%，至 17 324 亿桶（约合 2363 亿吨），年均增速 1.4%，储采比大致保持在 50 年左右，2020 年略提升至 54 年。从石油资源全球分布形势看，逐步形成了"中东半壁江山，两美比权量力，亚非小步跟随"的分布格局。2020 年，中东地区石油探明储量仍高居榜首，比重高达 48.3%；中南美占比攀升至 18.7%，排世界第二；北美降至 14.1%；亚非欧总份额仅 10%。相对来讲，石油资源的可采年限也呈现出较大的地区差异。如图 3-1 所示，中南美石油资源最为宽裕，按照目前的开采规模，还可持续超过 150 年；中东地区大体保持在 80 年，且近年来有所提升；亚太及欧洲地区的储采比 2020 年分别为 17 年和 10 年，仅为世界平均水平的 1/3 和 1/5；中国储采比与亚太地区基本相当，且较为稳定，2020 为 18 年。

对于工业化、城镇化快速发展的亚太地区而言，其石油资源禀赋现状决定了必须较多依赖外部进口来满足需求，能源供应方面存在安全风险。从近中期看，中国石油对外依存度将持续处于高位。一方面，须积极妥善处理外部关系，特别是大国间关系，尽可能为中东供油大区创造稳定贸易条件；另一方面，加强石油输运沿线国家外交，尽量降低"拦路虎"事件发生概率。同时，加大国内石油资源勘测力度，多渠道壮大本国油藏涨势。

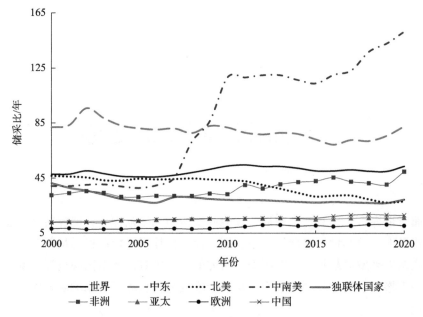

图 3-1　世界及主要国家和地区石油资源储采比（2000～2020 年）

资料来源：BP（2021）

2. 天然气分布更为集中，中东及欧亚大陆份额超七成

2020 年，世界天然气探明储量达 188.1 万亿立方米，较 2000 年增长 36.3%，年均增速 1.6%。如图 3-2 所示，世界天然气资源主要集中在中东和欧亚大陆地区（独联体国家），2020 年探明储量分别为 75.8 万亿立方米和 56.6 万亿立方米，占总储量比重合计超过 70%，北美、亚太、北非等地区储量均不足一成。俄罗斯、伊朗、卡塔尔、土库曼斯坦和美国是世界气藏大国，2020 年天然气探明储量均超过 10 万亿立方米，分别占世界天然气总储量的 19.9%、17.1%、13.1%、7.2%和 6.7%；中国储量 8.4 万亿立方米，排名世界第六位。近年来，世界天然气平均储采比略有降低，但基本保持在 50 年的水平。近 20 年来，随着开采量不断增加，中东地区储采比下降最为显著，从 2001 年的 317 年一路降至 2020 年的 110 年；中东地区超过 100 年，亚太地区为 25 年，而北美地区仅 14 年。中国略低于世界平均水平，按照目前的开采量，可再维持约 43 年。

天然气相对清洁低碳，气代煤、气代油是能源清洁转型的现实选择之一，但面对天然气资源禀赋分布与消费重心偏离的实际情况，国际天然气贸易增长的趋势短期不会改变。作为能源加速转型的碳排放大国，中国天然气正处于并将继续处于增长阶段。相对于石油而言，中国天然气资源储量并不丰富，国内产量与需求量的差距将越来越大。

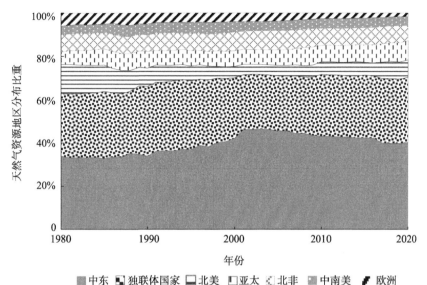

图 3-2　世界天然气资源分布（1980~2020 年）

资料来源：BP（2021）

3. 煤藏底库更为充实，但分布与油气互递

截至 2020 年末，全球煤炭资源探明储量为 10 741.1 亿吨（其中无烟煤和烟煤 7536.4 亿吨，次烟煤和褐煤 3204.7 亿吨），平均储采比为 139 年，较油气资源更加宽裕。世界煤炭资源分布与油气资源呈现相反的特点，根据 BP 2021 年统计数据，如图 3-3 所示，2020 年世界 95%以上的煤炭资源集中在亚太（42.8%）、欧洲及独联体国家（30.6%）和北美（23.9%），而石油宝库中东和中南美地区的煤炭资源探明储量尚不足 2%。美国、俄罗斯、澳大利亚、中国、印度煤炭资源储量均超过 1000 亿吨，分别占世界总储量的 23.2%、15.1%、14.0%、13.3%和 10.3%，但中国的储采比最低，仅为 37 年，其他国家均高于世界平均水平，美国超过 500 年，俄罗斯超过 400 年，印度也接近 150 年。

一直以来，作为中国能源安全的压舱石和经济发展的助推器，煤炭的贡献巨大。中国煤炭资源储产丰富，对外依存度相对较低。中国煤炭安全问题更侧重于资源开采和清洁利用方面。

4. 铀矿的集中度较高，但经济性资源比较匮乏

铀资源储量规模和品位与核电发展紧密相关。根据核能机构（Nuclear Energy Agency，NEA）和国际原子能机构（International Atomic Energy Agency，IAEA）联合发布的《铀资源、生产和需求报告》（Uranium: Resources, Production and

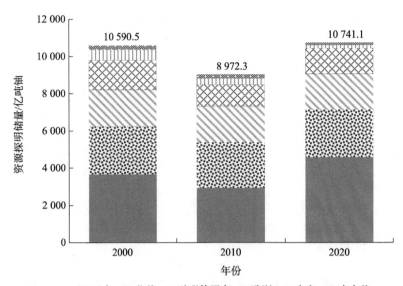

图 3-3　世界煤炭资源探明储量及分布（2000 年、2010 年和 2020 年）

资料来源：BP（2021）

Demand）数据，近年来世界查明铀资源储量总体增长，截至 2019 年底，世界纳入统计范畴[①]的查明铀资源储量为 1731 万吨铀，较 2017 年增长 2.2%，但经济资源含量较低，占比仅 17.8%。如图 3-4 所示，世界铀资源主要分布在少数几个国家，分布较为集中。2019 年，在澳大利亚铀资源查明储量为 374 万吨铀，占总储量的 21.6%；哈萨克斯坦储量为 313 万吨铀，占比 18.1%；加拿大储量接近 200 万吨铀，比重为 11.4%；占比超过 5% 的国家还有俄罗斯、南非、纳米比亚和巴西。就经济性来看，生产成本小于 80 美元/千克的铀资源储量不足 20%，哈萨克斯坦这一比重为 40%，加拿大为 26.9%，南非为 22.9%，巴西为 39.9%，澳大利亚的铀资源开采成本均不低于 80 美元/千克。2020 年，中国铀资源储量为 75.9 万吨铀，占世界比重的 4.4%，其中经济储量（生产成本小于 80 美元/千克）占 31.7%。按 2019 年世界常规核反应堆铀需求（61 383 吨铀）测算，查明铀资源可供使用 282 年；可靠资源（reasonably assured resources，RAR）可供使用 171 年，其中的低成本资源（低于 80 美元/千克）仅可维持 32 年。铀资源对核电的经济性约束日益增强。

2019 年中国铀资源查明储量排世界第八，但开采成本小于 40 美元/千克的不足 10 万吨。自日本福岛核事件之后，世界核电安全既系于铀矿，也系于民心。为推动核电发展，《中华人民共和国国民经济和社会发展第十四个五年规划和 2035 年远景目标纲要》提出，"建成华龙一号、国和一号、高温气冷堆示范工程，积极

---

① 根据 2019 年数据，世界仅对开采成本低于 260 美元/千克的铀资源纳入统计范畴。

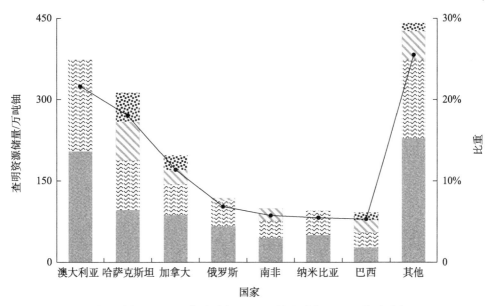

图 3-4 世界铀资源查明储量分布（2019 年）

资料来源：NEA 和 IAEA（2021）

有序推进沿海三代核电建设"核电运行装机容量达到 7000 万千瓦"。因此，中国未来对铀资源的需求只增不减。应保障核电产业平稳有序发展。一方面，加强与澳大利亚和哈萨克斯坦等邻近产铀大国合作，开拓外源，保障核电发展的资源需求。另一方面，加强核电知识宣传普及，引导居民正确认识核电。

3.2 能源需求总量总体保持增长

近半个世纪以来，全球能源供应与消费规模持续扩大，增速有所放缓；全球能源效率持续改进，经济增长对能源的依赖有所降低；从世界范围来看，不同国家基于不同资源禀赋、不同政策，用能各具特点。

1. 1980 年前世界能源消费弹性约为 1，此后基本稳定在 0.65 左右

世界能源消费与经济发展高度相关。1950～2020 年，世界能源消费总量与世界生产总值（gross world product，GWP）相关系数超过 0.998。如图 3-5 所示，20 世纪 80 年代以前，世界经济每增长 1 个百分点大体带动能源消费增长 1 个百分点，总体保持单位弹性。1980 年到 2020 年，GWP 由 1980 年的 27.9 万亿美元（2010 年不变价，下同）增长到 2020 年的 81.9 万亿美元[①]，年均增长 2.7%；世

---

① 据 IMF 2021 年 1 月测算，因疫情影响，2020 年世界经济下行约 3.5%。

界一次能源消费由 1980 年的 66.7 亿吨标准油增加到 2020 年的 134 亿吨标准油[①]，年均增长 1.8%。能源消费弹性相应降低，年均以 0.65%的能源消费增速支撑 1%的经济增长。弹性系数降低主要来自结构调整、技术进步以及发展中国家后发优势。

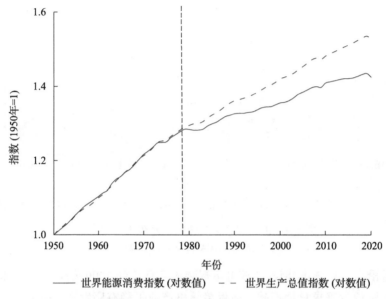

图 3-5　世界能源消费和经济增长关系（1950～2020 年）

资料来源：IEA（2020）

2. 1980～2020 年能源消费增量 80%来自发展中国家

处在不同发展阶段的国家能源消费水平差异大，发达国家人均能源消费量显著高于发展中国家。由于基数水平差异等因素，各国的能源消费增速差异也较大，发展中国家能源消费增速远高于发达国家，对总能耗增长贡献不断加大。1980 年后，约 80%增量来自发展中国家。1980～2019 年，OECD 国家能源消费年均增速为 0.7%，美国和日本增速分别为 0.6%和 0.5%，欧盟增速低至 0.1%；非 OECD 国家能源消费增速约 3.2%，中国和印度增速均分别为 5.5%和 5.4%。发展中国家逐渐成为能源消费总量和增量的主要贡献者。如图 3-6 所示，1980 年非 OECD 国家能源消费 24.9 亿吨标准油，2018 年增加到 82 亿吨标准油，占全球能源消费的份额由 37.5%增长到 59.1%。

如图 3-7 所示，2018 年，全球能源增长 3.9 亿吨标准油。其中，非 OECD 国家贡献 78.9%，中国贡献 34.4%，印度贡献 15.1%，美国贡献 20%，日本贡献–0.3%，

---

① 据 IEA 2021 年 3 月测算，疫情导致 2020 年世界一次能源消费同比下降 4 个百分点。

欧盟贡献 0.2%。1980～2018 年，全球能源消费增长 72.3 亿吨标准油，OECD 国家贡献 21.1%，非 OECD 国家贡献 78.9%。

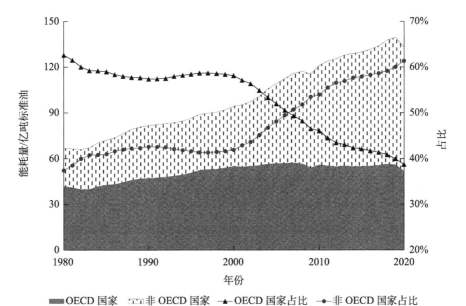

图 3-6　世界能源消费格局大结构（1980～2020 年）

资料来源：BP（2021）

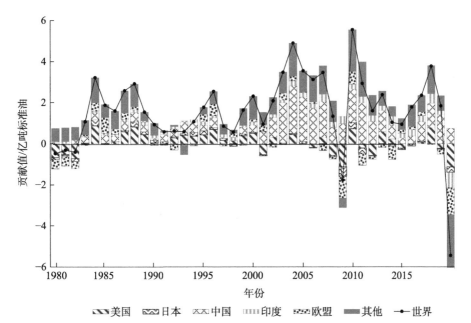

图 3-7　世界能源消费增长各主要经济体贡献分解（1980～2020 年）

资料来源：BP（2021）

上述差异主要和经济发展水平与经济结构有关。一方面，1980～2018 年，主要发展中国家和新兴经济体经济增速较高，中国经济年均增速接近 10%，印度超过 5%，发展中经济体总体也高于 4%。相比而言，发达地区经济下行压力增大，美国经济年均增速为 2.7%、日本不足 3%，而欧盟低于 2%。经济快速增长导致能源消耗增长迅速，发展中国家能源消费占全球份额显著增加。另一方面，多数 OECD 国家率先完成工业化进程，技术优势相对突出，产业结构低能耗工作走在前列。发展中国家工业化进程提高了能源密集型产业比重，进而增加能源强度上行压力。此外，发展中国家向发达国家出口了大量高载能产品也是重要原因。

面对经济体量大、人口数量多的现实情况，要跨越中等收入陷阱，迈入中高收入国家行列，中国还需要不断巩固经济基础，未来能耗增量仍将保持一定水平。用能增长和清洁低碳并不冲突，中国可以力争转变传统高碳用能方式，在能源清洁绿色转型方面取得更大成绩。

3. 能源消费清洁转型稳步推进，进度却因国而异

从消费结构体看，化石能源仍居主体地位。石油份额超 30%，煤炭次之，天然气位列第三，可再生能源体量尚小。但可以发现，用能结构在悄然发生变化，让位于非化石能源的趋势渐渐明晰。

如图 3-8 所示，石油消费占比自 1980 年以来总体保持下降态势，降幅近 13 个百分点，从 1980 年的 45.8%下降到 2019 年 33.0%；煤炭消费占比一波三折，从

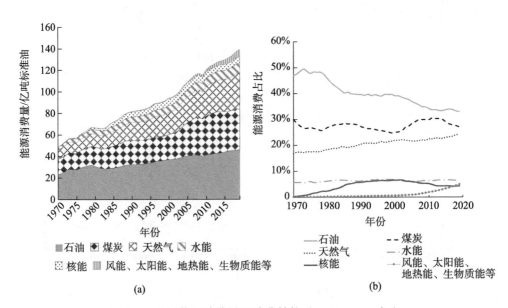

(a)　　　　　　　　　　　　(b)

图 3-8　世界能源消费量和消费结构（1970～2019 年）

资料来源：BP（2021）

1990 年的 25.3%下降到 1999 年的 22.7%,再持续提高到 2011 年的 29.3%,但 2011～
2019 年消费占比又持续下降, 2019 年为 26.5%。相对而言, 天然气消费占比总体
保持平稳上升, 消费占比由 1980 年的 18.1%提升至 2019 年的 24.2%,助力全球能
源清洁低碳转型平稳过渡。水能、核能、风、太阳能等清洁能源总体从 9.2%提高
到 15.7%。全球气候变暖加剧, 倒逼世界用能结构向低碳、无碳演进。

　　局部看, 不同国家和经济体因其资源禀赋、地理位置、发展阶段等方面的差
异而呈现出不同的能源消费结构。如图 3-9 所示, 美国、日本以石油消费为主,
2020 年美国、日本石油消费所占比重分别为 37.1%和 38.1%;中国、印度等能源
消费则以煤为主, 2020 年所占比重分别为 56.6%和 54.8%。概括起来讲, 发达经
济体一次能源结构中的油气占比较高, 而发展中国家煤炭份额较大, 能源清洁化
程度有待进一步提升。

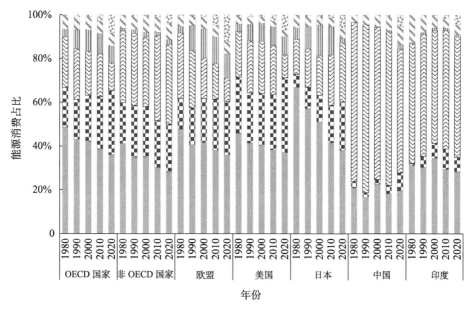

图 3-9　世界主要经济体一次能源消费结构
资料来源：BP（2021）

　　能源转型是一场面向全球、备受瞩目、内涵深刻的马拉松, 也是各国发展砥
砺奋进的接力赛。由于各国发展的历史背景不同, 基础不同, 转型的着力点不同,
安全的侧重点不同, 起跑时间节点的把握和进度快慢也存在差异。世界主体能源资
源禀赋分布不均衡。单论用能结构清洁化, 中国去煤进展较慢, 但更要着眼中国人
口基数大、发展起步晚、能耗需求高的现实。具体问题上, 基于安全性和经济性考
虑, 就地取材、自产自用更为稳妥。虽然清洁能源在中国的比重尚不高, 但其绝对

量排世界前列，且发展势头正盛。

4. 发达经济体能耗陆续出现人均和总量峰值平台期

21 世纪以来，发达国家能耗总体进入峰值平台期，并略有下降。部分欧洲国家用能量显著下降，而发展中国家能源消费还在持续快速增长。如图 3-10 所示，自 1960 年以来，美国能耗总体保持低速增长，从局部看，在两次石油危机前后和 2008 年金融危机前后出现过短期的下降趋势。但放眼 1960 年后的半个多世纪，美国总能耗平台期特征更为显著。相比之下，七国集团和 OECD 国家能源需求整体波动幅度较美国稍大，但仍表现出较强的平台期特征。

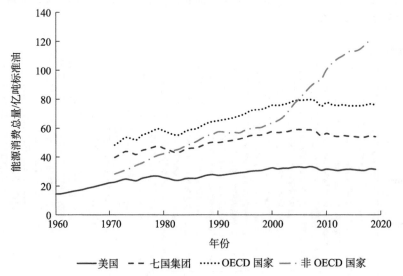

图 3-10   世界主要经济体一次能源消费总量（1960～2019 年）

资料来源：IEA（2020）

结合中长期能源发展趋势来看，发达国家的人均用能同总能耗类似，并释放出了更为明显的平台期信号，表现出更明显的达峰特征。部分原因在于发达国家人口有所增长，使得能耗人均峰值提前于总量峰值。如图 3-11 所示，1960~2019 年，美国人均能源消费量总体处于平台期，虽多次出现局部峰值，但消费水平大体呈现出回落趋稳的迹象。日本人均能耗变化稍平缓，但在 2005 年以后也表现出一定的下降势头。非 OECD 国家人均能耗有一定的上升趋势。中国人均用能在 21 世纪前 15 年增长较为明显，近年来增速有所放缓。

5. 发展中国家能源消费弹性系数更高

21 世纪以来，发达国家经济保持增长，能源需求量已开始降低，弹性系数转

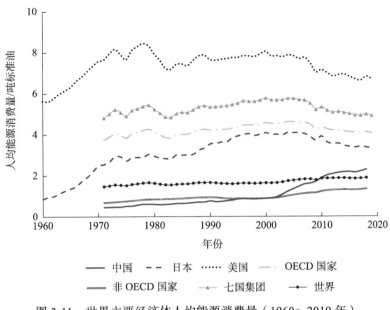

图 3-11　世界主要经济体人均能源消费量（1960～2019 年）

资料来源：IEA（2020）

正为负。发展中国家对能源依赖性仍然偏高，弹性系数均在 0.5 以上。自 1965 年以来（不含两次石油危机时期），美国能源消费弹性总体保持下降；OECD 国家总体弹性变化趋势与美国相似，于 2008 年左右跌破零位，但仍在美国之上。对非 OECD 国家而言，自 1975 年以来，历年能源消费弹性系数从未低于 0.3，虽然在 1980 年前后出现明显下降，并一度降至 0.3 左右（同期低于 OECD 国家），但此后又转降为升，与 OECD 国家下滑趋势形成鲜明对比。如图 3-12 所示，1965~2017 年非 OECD 国家用能增量大、强度偏高，拉动世界能源消费弹性系数总体保持 0.65 的水平。但也要看到，弹性系数小于 1 意味着总体能效在持续提升，无论是发达国家还是发展中国家，在用能结构和效率方面都做出了持续的努力。

　　按全球重大政治经济事件来划分，将世界第一次石油危机以来的时期划分为五个，并计算出各时期能源消费平均弹性，如表 3-1 所示。可以发现，发达经济体和发展中经济体对比更为显著。21 世纪以来，OECD 国家能源消费弹性保持下降，而非 OECD 国家在 2001～2009 年能源消费弹性系数却高于 1991～2001 年，并拉动世界能源消费总弹性系数上升，主要原因仍在世界能源发展的不平衡性上。此外，某种程度上高弹性也意味着大的节能潜力，增加了早日实现碳中和、碳达峰的可能性。

　　受新冠疫情影响，中国能源消费弹性系数在“十三五”末期有所增长，2020 年反弹近 1，五年总体略低于 0.5，仍然较高，主要是经济增速骤降和能源密集型产业发挥托底作用所致。近几十年来（排除零星年份），中国经济增长对能源

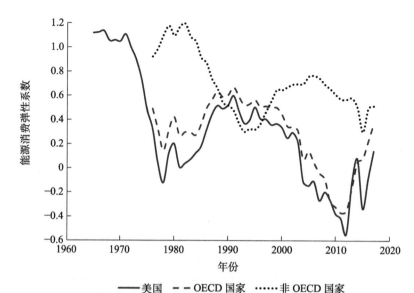

图 3-12　世界主要经济体能源消费弹性系数（1965～2017 年）

资料来源：IEA（2020）

表 3-1　世界主要经济体不同时期能源消费弹性系数（1973～2018 年）

类别	1973～1979 年	1979～1991 年	1991～2001 年	2001～2009 年	2009～2018 年
世界	0.79	0.59	0.45	0.61	0.46
OECD 国家	0.67	0.33	0.53	−0.06	−0.16
非 OECD 国家	0.94	0.89	0.35	0.73	0.58

资料来源：IEA（2020）

消费依赖总体保持下降趋势，能耗增速不断放缓。坚持优化产业结构，提高能源利用率，着力推动能源系统转型，能源消费弹性还将继续降低。余碧莹等（2021）研究了碳达峰、碳中和背景下能源系统最佳转型路径，发现在"十四五"时期 GDP 低速增长（年均 5%）情景下，加快推进先进技术和低碳技术渗透，大幅提高可再生能源和电力消费比重，则中国碳达峰有望提前至 2025 年左右。与此同时，中国也须相应制定配套的制度和政策，不断优化能源转型软环境。

6. 全球节能隐约进入瓶颈期，中国强度降幅最突出

能源强度不断降低，但下降空间逐步缩小。如图 3-13 所示，1980～2021 年，世界单位生产总值能耗即能源强度（根据 BP 公司发布的能源数据和世界银行发布的 2017 年 PPP 不变价国际美元计算）总体保持下降，由 1980 年的 1.7870 吨标准油/万美元下降到 2021 年的 1.0619 吨标准油/万美元，年均下降 0.0177 吨标准油/万美元，累计下降 0.7251 吨标准油/万美元。其中，1980～2000 年年均下降 0.0198

吨标准油/万美元，而 2000~2021 年的年均降幅收窄，降低至 0.0157 吨标准油/万美元。分阵营看，1980~2021 年，OECD 国家能源强度由 1.7694 吨标准油/万美元下降到 0.8596 吨标准油/万美元，累计下降 0.9098 吨标准油/万美元；非 OECD 国家能源强度则由 1.8177 吨标准油/万美元下降到 1.2025 吨标准油/万美元，累计下降 0.6152 吨标准油/万美元。一方面，能源强度不断降低，能源效率相应提升，部分缓解了能源服务需求快速增长的压力；另一方面，随着能源强度基数不断走低，其下降空间逐渐减小，单方面通过降低单位产值能耗以应对能源需求增长压力的难度在不断增加。

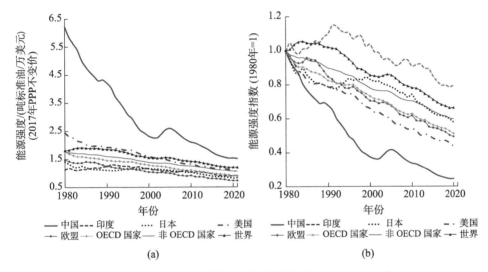

图 3-13　世界及主要经济体能源强度指标(1980~2021 年)

数据来源：BP(2021)、World Bank(2022)

从局部看，美国能源强度效率持续提升，能源强度从 1980 年的 2.4485 吨标准油/万美元下降到 2021 年的 1.0608 吨标准油/万美元，累计下降 1.3877 吨标准油/万美元；日本能源强度基数相对较低，1980 年已低至 1.4049 吨标准油/万美元，是同期美国的 57.38%，41 年中几经波折，下降到 2021 年的 0.8269 吨标准油/万美元，累计下降 0.578 吨标准油/万美元。1980~2021 年，印度能源强度总体仅下降 19.94%，其中 1980~1991 年保持上升，从 1.1363 吨标准油/万美元提高到 1.3045 吨标准油/万美元，此后逐步下降，2021 年印度能源强度为 0.9097 吨标准油/万美元。1978 年改革开放后，中国经济发展步入快车道，在此期间重工业等能源密集型产业比重虽有所增加，但较高的经济增速也加快了能耗强度降速，中国能源强度从 1980 年的 6.2406 吨标准油/万美元下降到 2021 年的 1.5145 吨标准油/万美元，41 年中累计下降 4.7261 吨标准油/万美元，降幅高达 75.73%，超过同期世界平均水平 35 个百分点。但从绝对数量来讲，中国能源强度还有很大的下降空间，未来需要在提升能效方面下更大功夫。

7. 发达国家和发展中国家工业终端用能和比重差异明显

发达国家在 1980 年前基本进入工业终端用能达峰或平台期。如图 3-14 所示，1960～2018 年，美国终端用能基本保持在 5 亿吨标准煤左右并微降，呈现出明显的平台期特点。2000 年前中国工业终端用能增幅甚小，进入 21 世纪后中国工业终端用能迅速上升，2018 年达 14.22 亿吨标准煤，为同期美国的 3.6 倍（2018 年中国终端用能总量仅为美国的 1.3 倍）。OECD 国家和七国集团工业终端用能总体变化趋势和美国基本一致，而发展中国家（非 OECD 国家）则与中国大致相同，发达国家和发展中国家间工业终端用能差异明显。

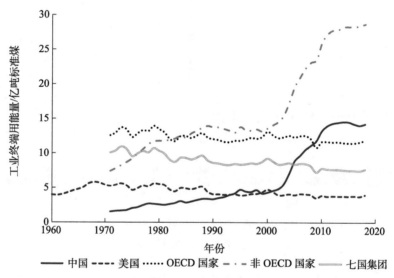

图 3-14　世界主要经济体工业终端用能量（1960～2018 年）
资料来源：IEA（2020）

发达经济体终端用能早早进入平台期，以交通用能为主，工业、居民用能次之，结构较为稳定。如图 3-15 所示，OECD 国家工业终端用能占终端用能比重于 1983 年跌破 30%后保持下降趋势，2018 年降低至 21.94%，美国工业终端用能比重更早于 1995 年下降到 20%内。近年来，发展中国家电气化水平不断提高，工业终端用能比重出现明显下降趋势，但同发达国家相比，仍存在较大差距。2018 年，非 OECD 国家工业终端用能占终端用能比重仍高达 35.01%；中国工业终端用能占终端用能比重为 48.39%，是同期 OECD 国家的 2.2 倍，美国的 2.8 倍。

相比发达国家，中国工业化起步较晚，但推进力度很大，发展速度很快，资本密集型、能源密集型产业的支撑带动作用更为明显，也造成了工业终端用能体

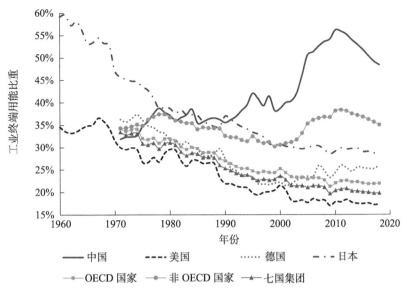

图 3-15　世界主要经济体工业终端用能比重（1960～2018 年）

资料来源：IEA（2020）

量大占比高的状况。近年来，中国转变发展理念，稳步推进高质量发展，不断优化经济结构，转换增长动能。工业尤其是制造业作为实体经济的重心，是国家经济命脉所系，战略地位举足轻重，仍将保持相当的体量和发挥关键作用。工业结构调整，能效提升，用能增幅压缩；制造业转型升级，用电量需求还将增加。随着现代服务业的蓬勃发展，中国工业终端用能份额将继续走低。

8. 天然气消费差异凸显资源禀赋制约

世界天然气消费持续增长，但国家间发展进度不同。从总量上来讲，美国和欧盟等地区天然气消费起步较早，主要得益于欧亚大陆丰富的天然气资源及北美地区天然气成本经济性优势。如图 3-16 所示，1965 年日本天然气消费量为 18 亿立方米（仅为美国同期的 0.44%）；在 2014 年日本天然气消费量迎来最高点，峰值为 1247.52 亿立方米（为美国同期的 17.27%）；2021 年日本天然气消费量下降为 1036.22 亿立方米。1965～2000 年，中国天然气消费量年均增长 9.27%，但增量并不明显。进入 21 世纪后，增速进一步提高，2000～2021 年中国天然气消费量增速为 13.88%，年均增量高达 168.57 亿立方米，从 246.96 亿立方米增长到 3786.94 亿立方米，虽为同期美国的 45.81%，但已接近欧盟整体的消费水平（欧盟天然气消费量 2021 年为 3966.25 亿立方米）。

世界人均能源消费不均衡，在天然气方面差距更大。如图 3-17 所示，美国经济起步早、水平高，人均用气独占鳌头，遥遥领先，即使波动，也基本保持在 2000

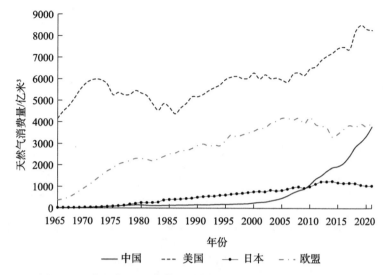

图 3-16　世界主要经济体天然气消费量（1965～2021 年）

数据来源：BP(2021)

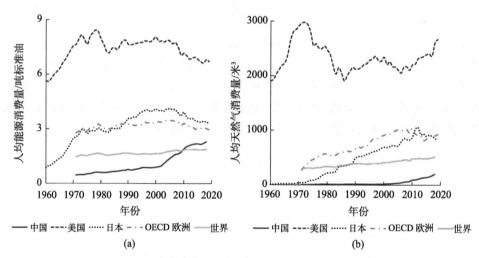

(a)　　　　　　　　　　　　(b)

图 3-17　世界主要经济体人均用能和人均用气（1960～2020 年）

资料来源：IEA（2020）

立方米水平之上，最高接近 3000 立方米，是 OECD 欧洲地区的两倍多。结合天然气消费总量差距和各国人口情况，发展中国家人均天然气消费量和发达国家特别是美国的差距确实很大。2000 年以前，中国这一指标几乎为零，世界平均水平也不超过 500 立方米。

中国天然气资源总量可观，但因地形地貌复杂，开采成本经济性相对不足，给国内天然气各行业发展带来不小挑战。结合中国天然气发展政策和天然气消费趋势，要满足社会经济发展日益增长的用气需求，加速能源清洁转型，短期内仍将更多依赖国外进口。我国应继续保持和深化与中亚及俄罗斯等国管道天然气合作，拓宽经济合作领域，双方应增强互信，保证对中国输出天然气的持续性和稳定性。同时，我国应加强与澳大利亚等国合作，言明大市场优势，织牢 LNG 进口关系网。更重要的是，坚持国内资源开采技术攻关不松劲，进一步增强进口底气，促进国内天然气行业长远发展。

9. 碳排放随能源结构优化趋缓，疫情反向测验化石能源减排空间

如图 3-18 所示，近年来，世界二氧化碳排放量整体上不断攀升，2010 年超过 300 亿吨，气候变化压力与日俱增。这主要是化石能源需求增长所致，可以发现，碳排放增长速度在逐渐减缓，这与全球范围内大力推广清洁能源替代有关，能源转型功不可没。2020 年新冠疫情蔓延全球，隔离防护导致的停工停产，给经济发展造成巨大冲击，但也变相降低了能源需求尤其是化石能源需求，使二氧化碳排放骤降，全球变暖压力稍有松减。根据 IEA 数据，2020 年全球能源需求较 2019 年降低近 4%，二氧化碳排放减少 5.8%，这相当于整个欧洲的碳排放量。

从减排贡献来看，新冠疫情变向验证了化石能源及交通领域的碳减排潜力。在整个 2020 年度，世界范围的隔离防护大大降低了交通运输业需求，导致石油需求回落 8.6%，碳排放减少 11 亿吨（公路交通贡献 50%，航空贡献近 35%）。另外，煤炭需求降低 4%。对比而言，可再生能源如太阳能、风能等受疫情冲击较小，推动世界低碳能源份额继续提升，2020 年底世界低碳能源占比已超过 20%。图 3-19 对 1990~2020 年世界能源消费碳排放进行了分解，可以看到，每一次排放增长的背后几乎都有石油、煤炭消费的增加。2020 年，石油消费下降对二氧化碳减排贡献最大，减排贡献为 12 亿吨；其次是煤炭，其消费下降减少二氧化碳排放 6 亿吨；天然气消费下降仅减少二氧化碳排放 2 亿吨。

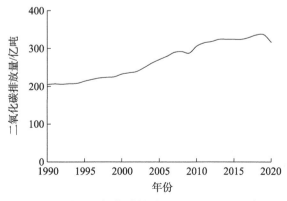

图 3-18　世界二氧化碳排放量（1990~2020 年）

资料来源：BP（2021）

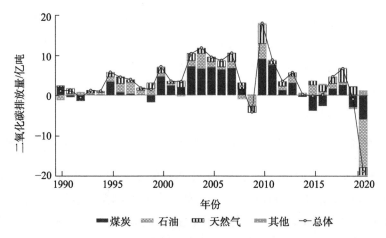

图 3-19　世界二氧化碳排放各能源品种贡献（1990~2020 年）

资料来源：BP（2021）

目前，二氧化碳排放量仍由能源消费量和结构决定。根据 BP 数据，美国、欧盟国家和日本等发达国家碳排放早已进入平台期，并于 2005 年前后出现拐点，2005 年后持续下降。中国二氧化碳排放量则逐年攀升，特别是进入 21 世纪以来，增幅较大，从 2000 年的略高于 30 亿吨，增长到 2019 年的近 100 亿吨，占世界总排放量的近 30%。中国化石能源尤其是煤炭在一次能源消费中占比过高是重要原因。

3.3　能源供应清洁低碳化进程加快

石油、煤炭和天然气在全球能源供给结构中长期保持主体地位。自工业革命以来，化石能源相继发挥强力支撑作用，供给规模不断增加。特别是油气供应，当前其战略地位仍无可替代。一方面作为能源基础资源，石油极大促进了世界各经济体发展进步；另一方面作为政治掉阖利器，石油深刻影响着世界发展格局走向。近年来，可持续发展理念日益普及，风能和太阳能等清洁低碳能源应运而生、竞相崛起、迅速发展，世界对化石能源的依赖逐渐降低，全球能源供给结构正在发生深刻转型。

1. 中东及 OPEC 是世界原油焦点

自 1965 年以来，世界石油产量总体保持上升，年均增速为近 2%，年均增量 5402 万吨，2019 年产量为 44.85 亿吨，但增速逐渐收敛。如图 3-20 所示，若以 1979~1983 年（第二次石油危机阶段）为分水岭，世界原油生产呈现出两种现象：1965~1979 年年均增长 1.19 亿吨，各年增量基本持平；反观 1983~2019 年，排除个别年份较大增幅，各年增量总体持平但已大幅下降，仅为 0.48 亿吨，不足上

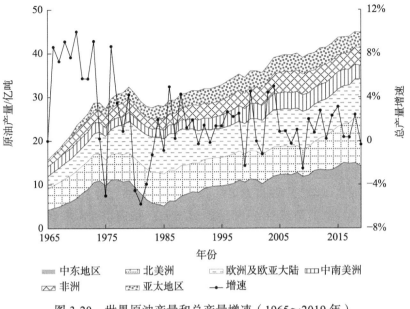

图 3-20　世界原油产量和总产量增速（1965～2019 年）

资料来源：BP（2021）

注：本书中欧亚大陆指苏联解体后各个加盟国共和国所在地域

阶段一半。此种变化的主要原因是中东地区在石油危机后优化了产油决策，以期降低未来极端事件带来的风险。

世界产油区按生产份额划分，仍保持"中东地区一家独大，欧洲、北美洲互比，亚太地区、非洲和中南美洲相当"的基本格局。如图 3-21 所示，1995 年后，

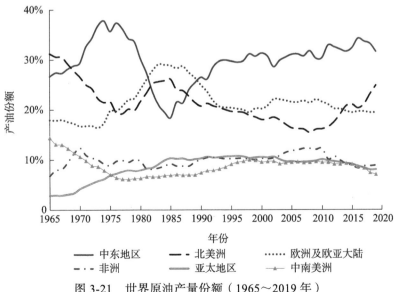

图 3-21　世界原油产量份额（1965～2019 年）

资料来源：BP（2021）

中东地区产油份额基本稳定在 30%～35%，且变中有升，2019 年约占世界原油产量的 1/3。自 2008 年以来，北美洲再次大力增产，份额迅速上升，由 2008 年的略高于 15%上升到 2019 年的近 25%，并于 2013 年超越欧洲及欧亚大陆，跃升至全球第二。近年来，欧洲及欧亚大陆产油份额逐渐趋稳，基本保持在 20%～25%，但 2019 年又跌破 20%。剩余的 25%左右份额基本由亚太地区、非洲和中南美洲平分，集中在 OPEC。截至 2019 年，石油占全球一次能源消费比重仍超过 30%。得天独厚的石油资源禀赋，经济发展的核心产业定位，作为世界石油输出晴雨表，中东地区产油量仍将影响全球发展格局。

自新中国成立以来，中国自力更生、艰苦创业，油气勘采事业不断取得突破，原油生产保持增长。但随着经济社会的飞速发展，国内用油需求日益增长，国内产量难以满足需求，使得中国石油需求超过七成依赖进口，带来了供给安全隐患。由于中国所处位置远离世界产油供油大区，进口路途遥远，曲折重重，给国内石油保供蒙上了一层厚厚的阴影。在别国势力范围内，一旦发生特殊事件，中国将处于被动境地。站在这个角度，我国做好应对运输通道中断等极端事件应急预案是近期研究的重点。一方面，坚持外交维稳基本策略，并同步加大国内石油科学勘采力度和科学储备规模；另一方面，站在更长远角度，加速石油替代，如将交通用油等逐渐替换为用电或用气等，既能化解外部供给的传统风险，还能促进国内经济社会转型发展，更能应对碳排放带来的终极挑战，一举多得。

2. 兼具低碳性和灵活性，气电供给份额不断增加

天然气是唯一兼具清洁性和便利性的化石能源。在可再生能源发展初期和应对全球气候变化问题中后期，天然气是承上启下的理想用能品种，是推动能源清洁低碳转型的上好选择。在天然气的众多用途中，发电领域拥有较好的前景，因为其兼具清洁性和灵活性，可以作为调峰和降碳的理想补充。因此，天然气在发电领域的份额不断增加，被关注度不断提高。根据 IEA 数据，1973 年世界发电总量达 6.13 万亿千瓦时，天然气发电占比 12.1%，排第四位，仅高于核能和非水可再生能等发电。此后，这一现状不断改变。如图 3-22 所示，2018 年，世界发电总量 26.62 万亿千瓦时，天然气发电比重足足增加了 11 个百分点，天然气发电量占比已然上升到 23.1%，成为仅次于煤电的第二大电源。

从世界天然气发展的历史轨迹来看，其受资源和技术影响较大，天然气发电份额增加主要由发达国家推动。发展中国家则受限于资源和技术等方面约束，天然气发电起步较晚，目前电力结构仍以煤为主。但总体而言，谁也不愿错过天然气发电的双重利好，气化进程不断加速。中国天然气生产具备相当规模，国家也出台了一系列增气用气配套政策，天然气在一次能源供应结构和电源中的比重稳

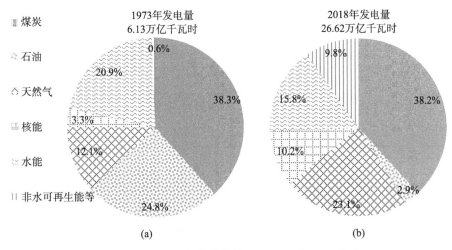

图 3-22　世界电力供给结构（1973 年和 2018 年）

资料来源：IEA（2020）

步增加。面向"碳达峰、碳中和"的宏伟目标，大力发展可再生能源是中国能源系统转型的要务。从长远来看，即使较煤炭和石油碳排放大为减少，但天然气毕竟是非可再生能源，不可能无限发展。结合中国资源禀赋和需求现状，天然气宜联合煤炭用于调峰，当好可再生电力发展的左膀右臂。如此，既可减轻国家用气安全供给压力，又能把天然气这块"好钢"真正用在能源系统转型革命的"刀刃"上。

3. 因技术壁垒高，清洁核电主要服务于发达国家

自 20 世纪 70 年代开始，世界核电逐步发展，主要集中在发达经济体和少数几个发展中大国。铀产量超过世界总产量 2/3 的资源大国如哈萨克斯坦和澳大利亚等，至今仍未建立起发展规模相当的核电系统，主要原因在于核电技术壁垒高，另外也可能与这些国家对核电的认识和偏好有关。如图 3-23 所示，长期以来，美国核电产量排世界第一位，2019 年占总核电量超过 30%。法国次之，份额将近 15%。中国核电起步较晚，从 20 世纪 90 年代开始发展，经过多年努力，现已成为世界第三大核电生产国，2019 年中国的核电发电量占世界总量的 12.5%。这离不开技术方面的突破。继 2011 年震惊世界的福岛核事件后，日本核电产量骤减，跌至谷底，但经过长时间的调整后发电量有所反弹，2019 年已达到 656.4 亿千瓦时，排世界第十位。印度 2019 年的 45.2 亿千瓦时，排世界第十三位。

根据世界核协会（World Nuclear Association, WNA）数据，目前大约 50 多个国家拟发展核电，主要是新兴发展中国家。结合资源及技术方面的既有约束，即使后发国家工业化和城市化相继兴起，对电力需求激增，预计这股力量对世界核电装机和发电量不会有太大贡献，主要增量仍将由具备成熟技术的国家提供。

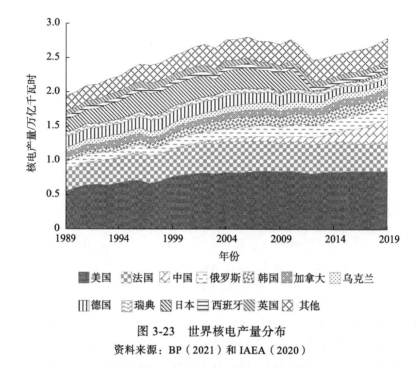

图 3-23　世界核电产量分布

资料来源：BP（2021）和 IAEA（2020）

4. 世界各国各尽其能，能源清洁低碳化加速演进

就清洁电力发展进程来看，世界可再生能源装机规模不断扩大，发达国家和发展中大国的可再生能源装机量均保持快速增长。但对不同国家而言，基于各自资源禀赋特点和能源政策差异，电力供给清洁低碳化进度也不尽相同。如图 3-24 所示，

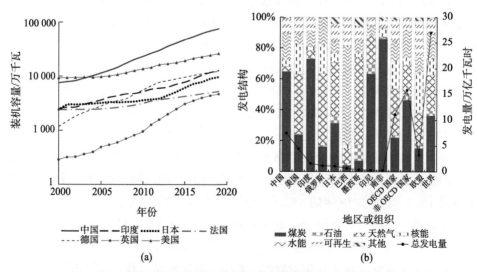

图 3-24　世界主要国家可再生能源装机容量和 2019 年发电结构

资料来源：REN21（2021）和 BP（2021）

发达国家电力结构以天然气为主，低碳化程度很高。2019 年，美国发电结构中清洁能源占比为 75.6%，日本为 64.2%。发展中国家起步晚、基数小，加之受限于本国资源禀赋条件和不确定性及其带来的安全问题，煤电独大的结构短期实难改变。2019 年，中国煤电占比为 64.7%，印度为 73%。总体来说，世界清洁低碳化进程各异，但各国的可再生能源均发展迅速，不断为应对气候变化做出积极贡献。

电气化是清洁化的开始，用电结构清洁化是清洁化的深化。自 1985 年以来，世界电气化不断推进，电力供应结构也发生深刻变化。虽然煤电份额总体变化较小，但油电份额下降较快。如图 3-25 所示，包括风能、太阳能在内的可再生能（不含水能）发电及天然气发电等清洁电力份额不断上升。2009～2019 年，全球可再生电力装机年均增长 8.4%，2019 年已达 25 亿千瓦（水电 44.4%，风电 25.2%，光伏发电 24.2%，生物质及其他发电 6.2%）；中国可再生能发电年均增长 14%，超出世界平均水平近 6 个百分点，2019 年可再生能发电装机占世界总装机规模的 1/3。世界各国着眼本国实际，虽然选择了不同的能源发展路径，但不断夯实清洁电力供应基础，拓展清洁电力供给能力的方向从未改变并愈加明晰。

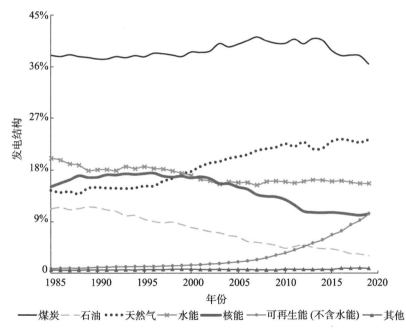

图 3-25　世界电力供给结构（1985～2019 年）
资料来源：BP（2021）

在对世界可再生能源发展的贡献方面，中国发挥了突出作用。无论是建成装机规模和在建装机规模，还是目标增加规模，均位居世界首位。2020 年 12 月气候雄心峰会上，中国承诺 2030 年风电、太阳能发电总装机容量超过 12 亿千瓦，非化石能源占一次能源消费比重达 25% 左右。这个承诺的提出，凸显了中国加快生态文明建设和推动实现可持续发展的坚定决心。

3.4　天然气市场活力渐旺

1. 石油贸易总体增长，卖家更比买家多

世界石油贸易常有波动，但总体保持正增长。据 BP 统计，2019 年全球石油贸易总量达 34.81 亿吨（原油 22.39 亿吨，成品油 12.42 亿吨）。如图 3-26 所示，1985 年之前，世界石油贸易量逐年下降。1986 年后，受经济复苏和发展需求拉动，贸易总体保持平稳上升。2019 年世界石油贸易量较 2018 年略有下滑，但仍高达 7093 万桶/天，较为可观。美国（石油贸易量下滑–8.5%）和日本（石油贸易量下滑–4.1%）等发达经济体石油贸易量下滑较大，中国和印度等新兴经济体增量未能完全补充。

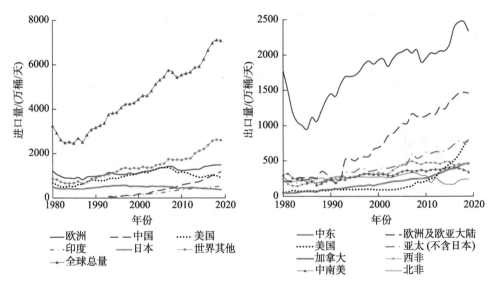

图 3-26　世界石油进出口格局（1980～2019 年）
资料来源：BP（2020）

世界石油主要被几个大国买进。如图 3-26 所示，中国是世界上最大的石油进口国，2019 年进口石油 5.86 亿吨（原油占 86.6%），占全球石油贸易总量的 16.8%。其中，净进口量达 5.18 亿吨。进口石油主要源于中东（41.8%）、俄罗斯（13.8%）、西非（13.6%）和中南美（11.7%）。印度 2019 年石油净进口 2.05 亿吨，排名第二，进口量占全球石油贸易总量的 7.6%，主要来源于中东（57.9%）、西非（11.4%）、美国（7.3%）和中南美（7.2%）。日本石油进口量排名第三，2019 年净进口达 1.67 亿吨，进口量占世界贸易总量的 5.4%，其中 75.7% 来源于中东，8.7% 来源于美国，

5%来源于亚太地区,4.8%来源于俄罗斯。此外,世界石油市场中的 7.32 亿吨(21%)流入欧洲,3.55 亿吨流入亚太地区其他国家。

石油出口来源较为分散,中东仍是最大的出口地区。2019 年,俄罗斯出口规模位居世界第一,达 4.51 亿吨,其中原油 2.86 亿吨,主要流向欧洲(53.5%)、中国(27.1%);成品油 1.64 亿吨,主要流向欧洲(64.5%)、美国(11.1%)。原油出口头名被沙特阿拉伯占据,出口量达 3.58 亿吨,主要出口到中国、日本、印度、欧洲等地区。随着页岩油气革命的推进,美国逐步走向能源独立,2019 年其石油净进口量已低于 6000 万吨,但其石油贸易仍较活跃。其中原油进口 3.38 亿吨,出口 1.38 亿吨,成品油进口 1.10 亿吨,成品油出口 2.51 亿吨,成品油出口居全球第一,流入中国不足 300 万吨。俄罗斯 2019 年成品油出口 1.65 亿吨,排世界第二位,其成品油主要流向欧洲地区。欧洲成品油主要流向非洲。新加坡的成品油主要在亚太内部消化。

2. 煤炭贸易主要集中在亚太地区

世界煤炭贸易以锅炉用煤和焦煤为主,主要集中在亚太地区。2000～2018 年,世界锅炉用煤贸易量由 3.1 亿吨增加到 8.6 亿吨,年均增长 5.8%;焦煤贸易量由 1.8 亿吨增加到 3.2 亿吨,年均增长 3.4%[①]。如图 3-27 所示,2019 年,中国进口

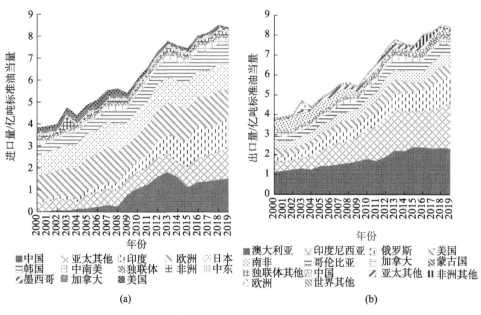

图 3-27　世界煤炭进口和出口结构（2000～2019 年）

资料来源：BP（2021）

① 此处年均增长率数据采用焦煤贸易量原始数据进行计算,结果经四舍五入修约处理。

1.53 亿吨标准油当量煤炭，占世界煤炭贸易额的 18.1%，排名世界第一。进口量主要来自印度尼西亚（34.2%）和澳大利亚（32.3%），另外从蒙古国和俄罗斯进口 2440 万吨标准油当量煤炭和 2000 万吨标准油当量煤炭，分别占 16% 和 12.8%。印度分别从印度尼西亚（45.8%）、南非（21.1%）、澳大利亚（14.6%）及美国（5.7%）等进口合计 1.36 亿吨标准油当量的煤炭，排名世界第二。

日本、韩国也是煤炭进口大国。此外，世界煤炭贸易近 17% 流入亚太其他地区，贸易量达 1.4 亿吨标准油当量之多，支撑部分新兴经济体快速发展。部分煤炭资源大国如美国的煤炭贸易量较少。一方面与其国内的自然资源盈余有关，另一方面与其能源结构转型及清洁低碳化进程有关。

澳大利亚煤炭就近消化，2019 年超过 90% 流向亚太地区，第一大买主为日本，其次是中国、韩国和印度，流向欧美等偏远地区的不到 10%。印度尼西亚更胜一筹，2019 年的 2.2 亿吨标准油当量煤炭被印度买进近 30%，被中国买进 24%，被日本和韩国买进各 8% 左右，剩下近 7000 万吨标准油当量煤炭都被其他亚太国家买走。2019 年，俄罗斯煤炭出口达 1.4 亿吨标准油当量，但主要供欧洲使用，占 41%，中国占 14%。蒙古国煤炭主要运往中国。与石油和天然气相比，中国煤炭进口量虽大但进口依存度较低，进口来源国更近、面临的通道风险也相对低一些。

3. 天然气贸易增长迅速，全球天然气市场日趋一体化

2019 年，全球跨地区天然气贸易量同比增长 5%，达 9844 亿立方米，占天然气消费总量的 25.1%。其中管道天然气贸易为 4994 亿立方米，LNG 贸易为 4851 亿立方米。如图 3-28 所示，2000～2019 年，世界天然气贸易总体保持增长，年均

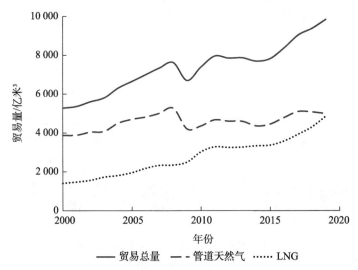

图 3-28   世界天然气分品种贸易量（2000～2019 年）
资料来源：BP（2021）

增速 3.3%，LNG 占天然气贸易比重逐渐上升，从 2000 年的 26.6%上升至 2019 年的 49.3%。天然气贸易量快速增长侧面反映了清洁能源强劲的需求潜力。

与此同时，全球天然气贸易市场主体增加，规模不断提高，日趋一体化。截至 2019 年，世界天然气卖方超过 20 个，买方超过 30 个。日本、中国和韩国是三大 LNG 进口国，2019 年进口量分别达 1055 亿立方米、848 亿立方米和 556 亿立方米。LNG 出口最多的国家为卡塔尔、澳大利亚和美国，2019 年出口量分别为 1071 亿立方米、1047 亿立方米和 475 亿立方米。2019 年，世界上管道天然气进口最多的国家是德国、美国和意大利，进口量分别为 1096 亿立方米、733 亿立方米和 541 亿立方米；出口最多的国家是俄罗斯、挪威、美国和加拿大，出口量分别为 2172 亿立方米、1091 亿立方米、754 亿立方米和 732 亿立方米。

2019 年，中国进口天然气 1325 亿立方米（管道天然气 477 亿立方米，排世界第五；LNG 848 亿立方米，仅次于日本）。其中，LNG 进口来源主要包括澳大利亚（47%）、卡塔尔（13%）和马来西亚（12%），进口量分别为 398 亿立方米、114 亿立方米和 100 亿立方米；管道天然气主要来源于土库曼斯坦（66.3%）、哈萨克斯坦（13.7%）、乌兹别克斯坦（10.2%）和缅甸（9.2%），进口量分别为 316 亿立方米、65 亿立方米、49 亿立方米和 44 亿立方米。全球天然气市场一体化进程加快，世界各国对天然气竞争也将逐渐加强。中国管道天然气贸易发展空间较大，宜继续保持同中亚各国友好交往和增强互信，不断拓展管道天然气资源。

3.5　能源安全外延不断拓展

1. 能源供应总体宽松，石油三元格局逐步稳固

近年来，全球传统化石能源探明储量不断上升，加之美国页岩油气革命，推动全球油气储量、产量大幅增加，全球油气贸易规模持续增长，并从区域化走向全球化。尤其是随着液化气技术进一步成熟，天然气贸易规模加大，增长较为迅速。需求端，世界主要发达经济体和新兴经济体潜在增长率下降，全球能源效率不断提升，使经济增长对能源依赖有所降低，能源需求增速明显放缓。此外，非化石能源快速发展，在全球能源供需结构中占比稳步上升，成为世界能源供应新的增长极。全球能源供应能力充足，如图 3-29 所示，2000 年以来石油出口量总体保持增长，年均增速 1.9%。

其中，以美国页岩油为代表的非常规石油产量大幅增加，北美增长最快，由 440 万桶/天提高到 1380 万桶/天，年均增速 5.9%；其次是欧洲及欧亚大陆，年均增速 2.9%；中东地区出口增速较小，年均仅 0.6%。中东石油出口占世界出口份额逐步减小，而北美和欧洲及欧亚大陆的份额逐步提高。进入 21 世纪以来，以沙特

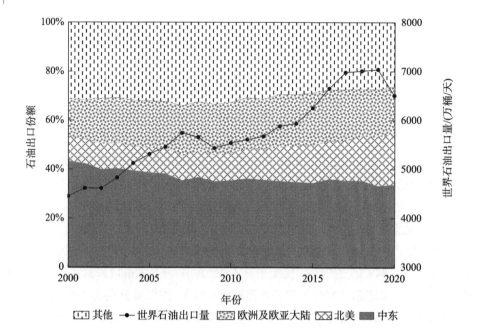

图 3-29　世界石油出口分布（2000～2020 年）

资料来源：BP（2021）

阿拉伯为主要代表的中东地区出口份额从 43.4%降至 33.7%，北美地区出口份额则从 9.9%提高到 21.2%，以俄罗斯为主要代表的欧洲及欧亚大陆地区 2000 年为 18.8%，世界出口份额在这三大地区的分布更加均衡。三大地区总出口比重也逐步上升，从 2000 年的 68.8%提高到 2020 年的 73.8%，世界石油三元供给大格局进一步稳固。目前，中国进口石油主要来自中东地区。

2. 粗放式发展给发展中国家造成严重环境污染

根据世界卫生组织（World Health Organization, WHO）数据，2018 年由大气污染导致的全球过早死亡人数超过 420 万人，其中约 91%发生在低收入和中等收入国家，约 58%的死因是与能源燃烧产生的空气污染物高度相关的中风和心血管疾病。即使在室内，能源低效燃烧造成的空气污染同样严重，2018 年造成 430 万人过早死亡。因肺炎致死的五岁以下儿童中，超过 50%死因与室内空气污染有关。

根据 IEA 数据，2018 年全球终端用能中，居民生活用煤 1.5 亿吨，几乎全在发展中国家，其中，中国 0.9 亿吨。根据全球疾病负担（Global Burden of Disease, GBD）数据，2019 年全球有 667 万人因空气污染过早死亡，其中发展中国家 631 万人，主要死因是中风或呼吸系统疾病。近年来，中国能源普遍服务取得显著成效，居民家庭用能清洁化水平大幅提升。但农村地区用能仍存在很大优化空间。据 2020 年人口普查数据，全国农村约有 13% 的家庭使用煤炭或柴草作为主要的炊事能源，绝大部分集中在农村地区。未来须继续推动电气化进程，并加强对农村地区能源转型宣传教育和清洁用能知识普及力度。

3. 全球气候变化形势严峻，碳达峰、碳中和成工作指挥棒

世界能源强度不断下降，但却面临节能空间日益收缩的困境。与发达国家不同，面对人民日益增长的美好生活需要和不平衡不充分的发展之间的矛盾，我国等新兴经济体解决能源转型和碳减排问题存在诸多挑战。这一方面与资源禀赋有关，另一方面更与自身的发展进程有关。根据世界气象组织（World Meteorological Organization, WMO）调查，2020 年全球平均温度高于工业化前水平 1.2 ℃，是 2020 年之前有记录以来最暖的三个年份之一，与 2016 年不分伯仲，且 2011～2020 年是 2020 年之前有记录以来最暖的十年。随着经济复苏，未来一段时间全球气候变暖压力逐步回升可能性很大，气候变化面临形势依然严峻。

因新冠疫情影响，2020 年世界能源消费下降 4%，石油消费下降 8.6%，天然气消费下降 2.5%，二氧化碳减排 2000 万吨。随着疫情形势缓和，各经济体复工复产，2020 年末世界碳排放出现反弹，碳减排工作压力转降为升。面对全球气候变化，无论是发达国家还是发展中国家，先后将碳中和任务提上日程。2020 年，中国面向世界公开承诺新的碳减排目标。自此以来，中国各地区各部门甚至全社会对"碳达峰、碳中和"的理解不断加深，并围绕这个目标积极行动，树立了大国典范。

4. 应对气候变化成为全社会行动，能源低碳转型是当务之急

世界各国围绕应对气候变化问题进行了大量谈判，随着达成的共识持续增多，"实现碳达峰、碳中和是一场广泛而深刻的经济社会系统性变革"的认识在世界范围内不断加深。如图 3-30 所示，2019 年全球二氧化碳排放量高达 342 亿吨，给全球气候环境带来巨大挑战。面对与日俱增的气候压力，碳减排已成为各国各级政府、各类高耗能企业的重要工作任务。

当前，加快发展绿色、清洁、低碳能源已成全球普遍共识，能源转型正朝着高效、清洁、多元化方向加快推进，投资重心也不断向绿色清洁能源转移，推动全球绿色能源发电装机容量持续增加。新能源发电技术取得进展，成本不断下降，政府支持力度加大，能源清洁低碳转型的氛围更加浓厚。新冠疫情期间，传统能源供应不确定性风险凸显，这势必影响各国未来能源安排部署，新能源引领地位将更加突出。在这个进程中，中国始终将能源清洁转型放在十分突出的位置，并

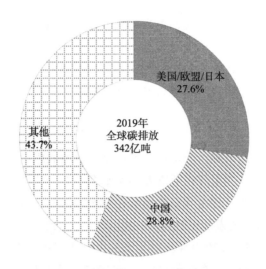

图 3-30   全球碳排放格局（2019 年）

资料来源：IEA（2020）

注：本图中数据经过四舍五入修约处理，可能存在合计不等于 100% 的情况。下同

不断加大推进力度。

5. 世界能源格局不确定性增加，美国因素更难料

2020 年暴发的新冠肺炎疫情冲击了世界能源供需格局，国际能源市场价格波动加剧，消费端需求疲软，供应端也面临生产策略调整的变化，不确定性影响凸显。随着经济增速放缓和格局变化，世界进入百年未有之大变局。传统能源供需格局不断变化，新冠疫情加速了这一进程。反全球化的呼声此起彼伏，霸权主义、强权政治不断抬头，恐怖主义依然存在，传统安全和非传统安全相互交织，大国关系更加微妙。国际形势愈发复杂，不确定性愈发凸显。

能源安全是基础安全，事关国家安全、发展、稳定。美国随着其页岩油气成功革命逐步走向能源独立，对外依存度迅速降低，对中东等产油区的外交和军事政策受能源掣肘减少，无须过多顾及世界能源市场和自身能源安全，这可能对世界能源供需格局甚至政治经济走势产生新的复杂影响。在这种情况下，美国对外能源政策（如对中东的策略）可能发生改变，其石油储备可用于服务其他战略，这加大了世界面临的不确定性。例如，中美大国间理论上存在能源贸易潜力，但究竟是深化合作还是阻断贸易，这个选择随世界形势变化愈加难测。但无论如何，积极推动双边、多边合作是减小不确定性的关键。

6. 各国对能源安全的关切点不同，更重视极端情形

世界能源转型总体推进，但资源和发展的不平衡性导致各国对能源安全考虑

的侧重点不同，进而制定出不同的发展战略。一国能源资源禀赋大体决定了其可选的能源发展路径。如表 3-2 所示，中国是能源大国，也是煤炭大国，对油气依存度虽然较高，总体能源自给率仍达到了 80%，总体上供给是安全的。但面对日益严峻的气候变化问题，可能需要赋予煤炭压舱石新的定义。若单从能源自给率而论，日本才仅 12%，油气几乎全部依赖进口，能源安全系于国外，这样的处境十分危险。但纵观日本近几十年发展历程，也未曾出现过能源获得方面的安全问题，这值得深思。

表 3-2　世界主要经济体能源自给率

经济体	能源	石油	天然气
巴西	103%	133%	70%
中国	80%	31%	59%
印度	62%	17%	51%
日本	12%	0	2%
韩国	16%	1%	1%
英国	70%	87%	51%
美国	97%	85%	101%
非 OECD 国家	118%	153%	118%
欧盟 27 国	44%	5%	18%

资料来源：IEA（2020）

从另一个角度讲，即使油气富足的非 OECD 国家也面临着能源带来的经济发展和社会稳定方面的安全问题。综合而言，目前的能源安全更侧重于某些极端情形下能源进口中断硬约束以及出口受阻带来的经济社会发展和稳定问题。中国能源资源禀赋和消费主体均以煤炭为主，虽有进口但对外依存度较低；油气禀赋稍显不足，进口依存度虽高但占总体消费比重较小。作为世界上最大的发展中国家，中国的发展倍受世界关注，在气候变化和地缘政治等世界不确定性增加的大环境下，油气保供、煤炭减排、电力求稳是保障中国能源安全问题的核心。

7. 争夺技术制高点将是未来能源安全的关键一招

工业革命伴随着能源革命，科技发展决定了能源的未来。随着传统能源发展面收窄，可再生能源面临的不确定性存在，加之未来世界政治经济和能源安全格局发展扑朔迷离，以实现清洁、高效、稳定且可持续为目标的能源技术突破，势必引发全球能源发展的新一轮变革。如图 3-31 所示，2001~2019 年，IEA 国家对低碳能源技术的投入翻番，并总体保持上升态势；非低碳能源技术投入总体保持较低水平。

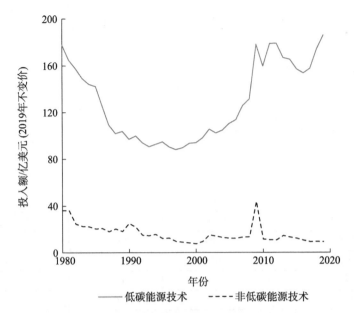

图 3-31　IEA 国家能源技术投入（1980～2019 年）

资料来源：IIASA（2020）

　　碳捕集、利用与封存（carbon capture，utilization and storage，CCUS）、可再生能源技术、大规模储能技术、能源传输技术、氢能技术以及铜、镍、钴、铀等资源开采技术等，对形成能源发展安全新格局的作用愈加明显。面向未来，只有深入推动科技革命，真正掌握颠覆性技术，才能将能源安全更加牢固地把握在自己的手中。

参 考 文 献

国家统计局. 2021. 2020 年四季度和全年国内生产总值(GDP)初步核算结果[EB/OL]. http://www.stats.gov.cn/tjsj./zxfb/202101/t20210119_1812514.html[2021-11-16].

魏一鸣, 等. 2020. 气候工程管理: 碳捕集与封存技术管理[M]. 北京: 科学出版社.

余碧莹, 赵光普, 安润颖, 等. 2021. 碳中和目标下中国碳排放路径研究[J]. 北京理工大学学报社科版, 23(2): 17-24.

BP. 2021. Statistical Review of World Energy 2020[EB/OL]. https://file.vogel.com.cn/124/upload/resources/file/84663.pdf[2020-11-08].

IEA. 2020. Global Energy Review 2020: Global Energy and CO_2 Emissions in 2020[EB/OL]. https://www.iea.org/reports/global-energy-review-2020/global-energy-and-co2-emissions-in-2020[2021-11-18].

IIASA. 2020. Energy Multi-Criteria Analysis Tool (MCA)[EB/OL]. https://tntcat.iiasa.ac.at/GeaMCA/McaTool.html[2021-03-17].

IMF. 2021. World Economic Outlook Update: Policy Support and Vaccines Expected to Lift Activity[EB/OL]. https://www.imf.org/en/Publications/WEO/Issues/2021/01/26/2021-world-economic-outlook-update?utm_medium=email&utm_source=govdelivery[2021-11-16].

NEA, IAEA. 2021. Uranium 2020: Resources, Production and Demand[EB/OL]. https://www.doc88.com/p-90829299613528.html[2021-11-19].

REN21. 2021. Renewables 2020 Global Status Report[EB/OL]. https://ren21.net/gsr-2020/[2021-11-19].

World Bank. 2022. World Development Indicators[EB/OL]. https://databank.worldbank.org/reports.aspx?source=2&series=NY.GDP.MKTP.PP.KD&country=#[2022-09-15].

第 ❮4❯ 章

我国能源发展状况与需求预测

4.1 我国能源发展概况

1. 经济保持平稳较快增长，能源消费增速放缓

随着中国迈上全面建设社会主义国家新征程，经济总量和能源消费量迅速增长。如图 4-1 所示，1978～2020 年中国 GDP 由 2.3 万亿元增至 91 万亿元（2015年不变价），年均增速达 9%。其中，1978～2008 年、2009～2019 年两个阶段经济年均增速分别为 10%、7.8%。尽管 2020 年中国经济受到疫情影响，增速回落至2.3%，但中国成为 2020 年率先控制疫情并保持经济增长的国家。在世界经济中，中国占全球经济总值的比重也在不断增加。1978 年，中国经济占世界经济总值的比重仅为 1.8%，到 2020 年该比重提升至 18%（IMF，2020）。随着经济体量的增大和较高经济增速的持续，中国在全球经济中的重要性日益突出，已成为世界经

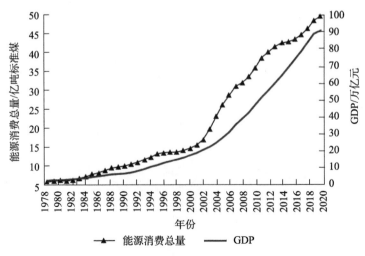

图 4-1 中国 GDP 和能源消费总量（1978～2020 年）

资料来源：国家统计局（2020，2021）

济增长的主要贡献者。从人均 GDP 来看，由 1978 年的 2362 元增至 2019 年的 6.5
万元。

中国经济快速发展的同时国内能源的消费也在不断增加。1978～2020 年，中
国能源消费总量由 5.7 亿吨标准煤增至 49.8 亿吨标准煤，年均增速达 5.3%。1978～
2008 年、2009～2019 年两个阶段的平均增长率分别为 6% 和 3.9%。尤其是在 2003～
2005 年，中国能源消费平均增速高达 15.5%，能源消费增速超过经济增速，主要
原因在于这一期间的中国投资显著增加，尤其是对高耗能产业的投资，导致这一
阶段中国能源消费快速增加。2013 年，中国人均能源消费量首次突破 3 吨标准煤，
2019 年人均能源消费量已接近 3.5 吨标准煤。

近年来，由能源消费快速增长导致的环境污染等问题引起广泛关注，中国能
源开始向高效、绿色、低碳发展。中国实施能源消费总量控制，能源消费增速逐
步放缓。2012～2019 年，能源消费年均增速仅为 2.9%。2015 年，中国能源消费
增速最低，仅为 0.9%。2020 年受新冠疫情影响，中国能源消费总量为 49.8 亿吨
标准煤，相对于 2019 年增速为 2.2%。在国际上，中国能源消费占比在不断增加，
2019 年中国能源消费占世界能源消费总量的 24%（BP，2020）。总的来说，中
国经济总量保持平稳较快增长，能源消费增速逐步放缓，中国经济和能源均迈向
高质量发展新阶段。

2. 能源供需总量稳步增加，供需差距逐步拉大

随着社会经济发展，中国能源生产与消费稳步增长。1978～2019 年，中国能
源产量由 6.27 亿吨标准煤增至 39.7 亿吨标准煤，年均增速 4.6%。能源消费量由
5.7 亿吨标准煤增至 48.6 亿吨标准煤，年均增速 5.4%。能源供需总量均稳步增加。
由图 4-2 可知，1978～1991 年中国能源产量高于能源消费量，国内能源生产能够
满足消费需求。然而，随着城镇化、工业化加快，人们生活水平提高，自 1992 年
起，中国能源消费量（10.9 亿吨标准煤）开始超过能源生产量（10.7 亿吨标准煤）。
随后，能源生产与消费之间的差距逐步拉大。到 2020 年，中国能源消费量超出能
源产量 9 亿吨标准煤。从能源生产和消费增速来看，自 2002 年开始，能源消费增
速要明显超过产量增速。2002～2019 年，中国能源消费平均增速为 6.6%，能源生
产平均增速为 5.8%。从中国一次能源的自给率来看，1992 年中国能源自给率为
98.2%，到 2019 年这一数据下降至 81.69%。可以看出，当前中国能源供需差距逐
步拉大，国内能源生产难以满足消费需求，能源安全面临挑战。

3. 清洁能源供应增长迅速，煤炭消费逐步下降

中国"富煤、贫油、少气"的能源资源禀赋特征显著。图 4-3 展示了中国能

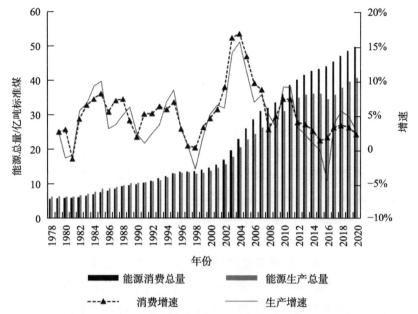

图 4-2　中国能源生产及消费量（1978～2020 年）

资料来源：国家统计局（2021）

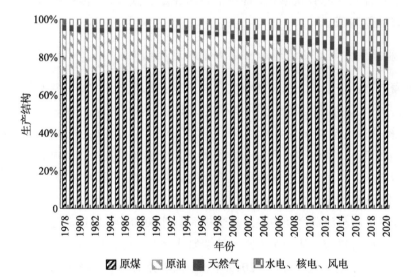

图 4-3　中国能源生产结构（1978～2020 年）

资料来源：国家统计局（2021）

源生产结构，可以看出中国能源以原煤为主。1978～2020 年，中国原煤产量由 4.4 亿吨标准煤增至 27.6 亿吨标准煤，年均增速 4.5%。但原煤产量占能源生产总量的比重小幅下降，由 1978 年的 70.3% 下降至 2020 年的 67.7%，其主要原因是为应对气候变化、推进生态文明建设，中国正加快能源清洁、低碳发展，清洁能源的供应快速增长。1978～2020 年，中国清洁能源（含天然气、水电、核电、风电）生产总量由 0.38 亿吨标准煤增至 10 亿吨标准煤，清洁能源供应占能源生产总量的比重由 1978 年的 6%增至 2020 年的 25%。2000 年，清洁能源供应占能源生产总量的比重突破 10%；到 2016 年，清洁能源供应占比突破 20%。从能源品种来看，1978～2020 年，天然气生产总量由 0.18 亿吨标准煤增至 2.48 亿吨标准煤，水电、核电和风电的生产总量由 0.19 亿吨标准煤增至 7.9 亿吨标准煤。2020 年，水电、核电和风电的生产总量占清洁能源供应总量的 76%。清洁能源供应的增量主要来自水电、核电和风电。总体来说，中国清洁能源供应增长迅速。

中国是煤炭生产大国，其能源消费也以煤炭为主。1978～2020 年，煤炭消费总量由 4 亿吨标准煤增至 28 亿吨标准煤，年均增速为 4.7%。以煤为主的能源结构支撑中国经济的快速发展，同时也带来严重的环境污染问题。为优化能源消费结构，中国实施煤炭消费总量控制，煤炭消费比重呈下降趋势。如图 4-4 所示，1978～2020 年，煤炭消费占比由 70.7%下降至 56.8%。2011 年以前，煤炭的消费比重基本维持在 70%左右。自 2011 年以来，煤炭消费占比出现显著下降，从 70.2%快速降至 56.8%。与此同时，清洁能源的消费量也显著增加。1978～2020 年，清洁能源消费量由 0.4 亿吨标准煤增至 11.6 亿吨标准煤，清洁能源消费占比由 6.6%增至 23.3%。其中，天然气的消费量显著增加，由 1978 年的 0.18 亿吨标准煤增至 2020 年的 4.2 亿吨标准煤，天然气消费占能源消费总量比重由 3.2%增至 8.5%；水电、核电、风电消费量也由 1978 年的 0.19 亿吨标准煤增至 2020 年的 7.4 亿吨标准煤，其消费占比由 3%增至 15%，其消费占比超过天然气消费比重。

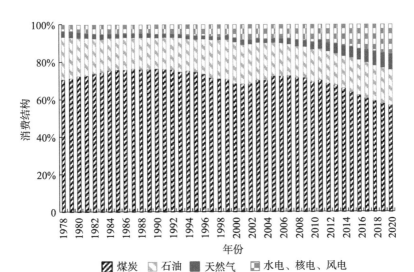

图 4-4　中国能源消费结构（1978～2020 年）
资料来源：国家统计局（2020，2021）

4. 能源进口量持续增加，油气对外依存度过高

由于能源生产无法满足消费需求，中国能源进口量持续增加，规模也在不断扩大。如图 4-5 所示，2000～2018 年，中国煤炭的出口量总体呈大幅下降趋势，由 2000 年的 5500 万吨下降至 2018 年的 493 万吨。煤炭的进口量由 217 万吨增至 2.8 亿吨。在 2008 年以前，中国煤炭的出口量大于进口量，是煤炭净出口国。但 2009 年以后，随着煤炭需求快速增加，煤炭进口量超过出口，中国从煤炭净出口国变为净进口国。煤炭进口与出口的差距由 2009 年的 1 亿吨增加到 2018 年的 2.8 亿吨。中国成为世界最大的煤炭进口国，其进口主要来自澳大利亚、俄罗斯、印度尼西亚等国家。

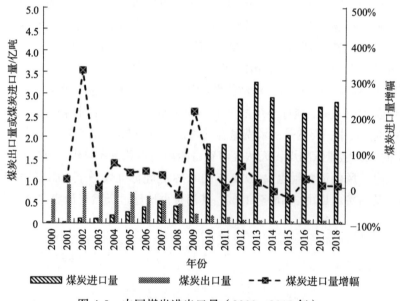

图 4-5　中国煤炭进出口量（2000～2018 年）

资料来源：国家统计局（2020）

图 4-6 为 2000～2018 年中国原油进口量及进口量增幅情况。可以看出，中国原油进口量呈快速增长趋势，由 2000 年的 7000 万吨上升至 2018 年的 4.6 亿吨，进口年均增速超过 10%。从进口量增速来看，2001～2004 年中国原油进口量增速攀升迅速，最高达到 35%，2005 年原油进口增速大幅回落至 3%。2006～2010 年原油进口增速维持在 10%～20%。近年来，原油进口增速较为稳定，维持在 10% 左右。

从进口国别来看，中国主要从俄罗斯、沙特阿拉伯等地进口原油。与此同时，中国原油出口量较小，2000～2018 年原油出口量由 1030 万吨下降至 263 万吨。2018 年，中国进口原油量为出口量的 175 倍。中国石油高度依赖国际石油市场供应。

受限于天然气资源禀赋，中国天然气行业起步较晚。如图 4-7 所示，中国天然气进口量总体呈上升趋势。2006～2018 年，中国天然气进口量由 9.5 亿立方米

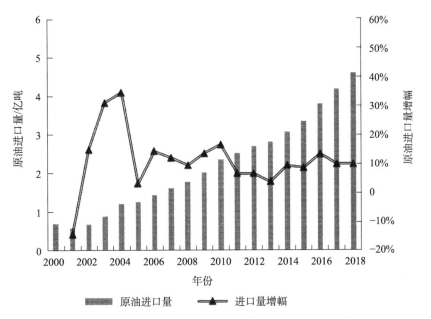

图 4-6 中国原油进口量及进口量增幅（2000～2018 年）

资料来源：国家统计局（2020）

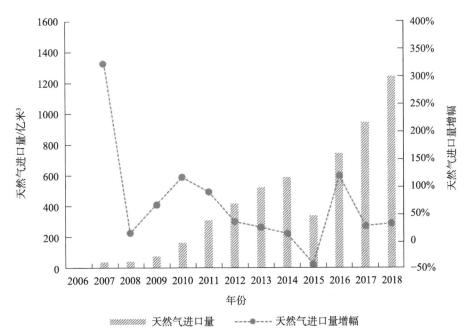

图 4-7 中国天然气进口量及增幅（2006～2018 年）

资料来源：国家统计局（2020）

增至 1246 亿立方米，年均增速达 50%。2018 年，中国进口天然气占国内天然气消费量的 44%。2015 年，由于经济增速放缓、天然气消费需求不足，以及油价持续走低，天然气的进口量显著下降。随后中国天然气进口量快速增长。中国天然气进口主要包括管道天然气和 LNG。2018 年中国进口管道天然气 514 亿立方米，进口 LNG 736 亿立方米。

中国油气对外依存度逐年攀升，给中国的能源安全带来严峻挑战。如图 4-8 所示，原油对外依存度由 2000 年的 30%左右上升至 2019 年的 72%；天然气的对外依存度从 2006 年的不到 2%上升至 2019 年的 43%，煤炭的对外依存度虽有所上升但始终保持在 8%以下。

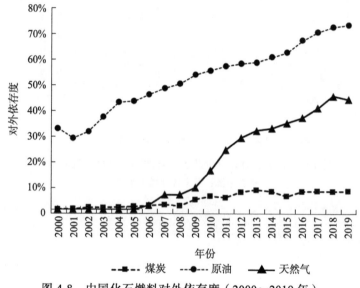

图 4-8　中国化石燃料对外依存度（2000～2019 年）
资料来源：国家统计局（2020）

5. 能源强度下降速度放缓，各省降幅差异显著

受能源技术水平提升、能源消费方式变革及节能降耗政策等影响，中国能源强度呈下降趋势。1978～2020 年，中国能源强度由 2.5 吨标准煤/万元（2015 年不变价）降至 0.5 吨标准煤/万元，年均降速为 3.8%。由图 4-9 可知，中国能源强度在 2003～2005 年出现上升，随后开始持续下降。自 2015 年起，中国能源强度降速放缓，2015 年能源强度降速为 5.6%，受新冠疫情影响 2020 年能源强度与 2019 年基本持平。尽管近年来中国能源强度不断下降，但与发达国家仍存在差距。

中国大多数地区的能源强度总体呈下降趋势，但各省降幅差异显著。2000～2018 年，甘肃、黑龙江、辽宁、天津、湖北、上海等 14 个地区能源强度降幅在 0.5 吨标准煤/万元以上。贵州是 2000～2018 年能源强度降幅最大的地区，其能源

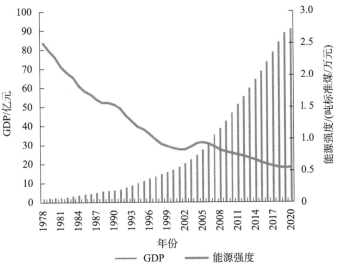

图 4-9　GDP 与能源强度（1978～2020 年）

资料来源：国家统计局（2020，2021）

强度从 2000 年的 2.15 吨标准煤/万元下降至 2018 年的 0.72 吨标准煤/万元。宁夏是唯一一个能源强度增加的地区，其能源强度从 2000 年的 2.1 吨标准煤/万元上升至 2018 年的 2.2 吨标准煤/万元。2000 年，能源强度最低的地区是海南，能源强度最高的地区是青海；而在 2018 年，能源强度最低的地区是北京，能源强度最高的地区是宁夏。2000～2018 年，北京是能源强度年均降速最高的地区，其年均降速约为 5.9%，图 4-10 展示了部分地区 2000～2018 年的能源强度相对其自身 2000

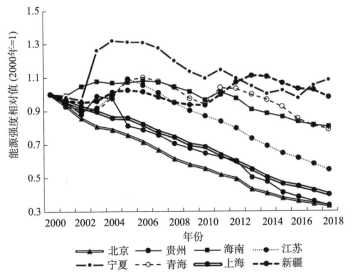

图 4-10　中国部分地区能源强度变化情况（2000～2018 年）

资料来源：国家统计局（2019）

年能源强度的变化情况，反映了与自身历史情况相比，地区能源强度的改善程度。经济较发达地区的能源强度改善程度普遍较大，如北京在 2018 年的能源强度不到其 2000 年能源强度的 1/3，江苏在 2018 年的能源强度只有其在 2000 年能源强度的 55%。经济欠发达地区的能源强度改善程度普遍较小，如 2018 年新疆的能源强度仅比其 2000 年的能源强度下降了约 2%。但也有个别经济欠发达地区突破了经济发展水平等因素的限制，在降低能源强度方面取得了较大进步，如贵州在 2018 年的能源强度比其 2000 年的能源强度下降了 67%。

6. 碳排放增速逐步放缓，碳排放强度大幅下降

中国作为能源消费大国，能源消费导致的二氧化碳排放近年来显著增加。由图 4-11 可知，中国碳排放量由 2000 年的 34 亿吨增至 2019 年的 98 亿吨，碳排放量规模增长接近 2 倍，年均增速达 5.7%。从排放历史来看，中国碳排放量经历了快速增长（2000～2012 年）、稳定排放（2013～2016 年）及缓慢上升（2017～2019 年）三个阶段。相较于 2000～2012 年，中国在 2017～2019 年的碳排放量增速逐步放缓，年均增速仅为 2.8%。从碳排放强度来看，总体呈大幅下降趋势。2000～2005 年，碳排放强度由 1.9 吨/元增至 2.2 吨/元。随后中国碳排放强度大幅下降，2019 年中国碳排放强度为 1.1 吨/元，相比 2005 年的碳排放强度下降了 50%。

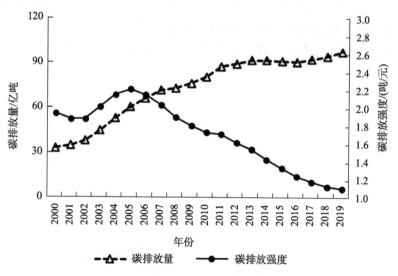

图 4-11　中国碳排放量及碳排放强度（2000～2019 年）

资料来源：BP（2020）

从能源行业来看，发电和发热、工业、交通、居民等是中国碳排放的主要来源。根据 IEA 数据，如图 4-12 所示，1990～2018 年，发电和发热产生的碳排放

量由 6.6 亿吨上升至 49.2 亿吨，工业碳排放量由 7.5 亿吨上升至 26.7 亿吨，交通碳排放量从 1 亿吨上升至 9.2 亿吨，居民碳排放量从 3.4 亿吨上升至 3.9 亿吨，发电和发热、工业、交通、居民部门在 1990～2018 年的碳排放量年均增速分别为 7.4%、4.6%、8.2% 和 0.5%。从碳排放量占比来看，发电和发热的碳排放量占比最大，约为中国碳排放总量的 46%，其次是工业碳排放量，占比维持在 30% 左右，成为仅次于发电和发热的主要碳排放来源。

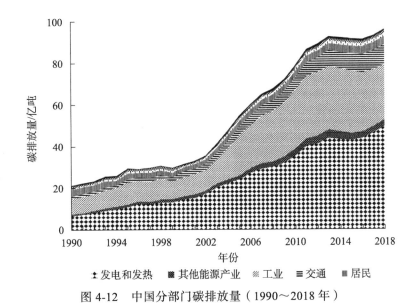

图 4-12　中国分部门碳排放量（1990～2018 年）

资料来源：IEA（2019）

4.2　我国能源发展新趋势

1. 能源安全新战略下国家高度重视能源安全保障

中国作为世界上最大的能源生产和消费国，面对国际能源发展新趋势、国内能源供需新格局，保障国家能源安全被摆在突出位置。习近平提出了"四个革命、一个合作"能源安全新战略[①]。2016 年 12 月，中国发布《能源生产和消费革命战略（2016—2030）》，以推进能源生产和消费革命，从而保障国家能源安全。中国政府高度重视能源安全的保障工作。为确保能源安全，中国政府采取一系列措施，如优先保障能源行业复工复产，确保能源供应稳定；加快油气储备建设并完善配套法律政策；加快天然气储供销体系，保障天然气供应；合理控制能源消费

① 《能源的饭碗必须端在自己手里——论推动新时代中国能源高质量发展》，http://www.xinhuanet.com/energy/20220107/ad41fd256f33434cb63c82453fba/c.html[2022-07-25]。

总量与结构,推广清洁能源使用;加强能源行业的生产安全等。面对未来国内外能源市场不确定性,中国将在能源安全新战略下继续推进能源革命并着力保障能源安全。

2. 能源清洁低碳转型加快,能源基础设施建设全方位推进

为应对气候变化,中国提出 2030 年前实现碳达峰、2060 年前实现碳中和的目标。这一目标的提出不仅关系中国温室气体减排,还关系国家经济发展、产业结构调整、能源系统转型、能源安全保障等。自 2020 年 9 月提出碳达峰、碳中和目标后,中国政府围绕这一目标密集发布多项政策。从这些政策可以看出,中国政府高度重视碳达峰、碳中和工作,并将其列入中国经济和社会发展的重点任务中。从中央到地方、从部委到行业都在抓紧制订相关战略规划,并出台具体的碳达峰行动方案。中国碳达峰、碳中和目标将倒逼工业、建筑、交通等领域进行全面低碳转型,从而加快能源绿色低碳发展。未来,中国将大力发展清洁能源产业,提升非化石能源生产与消费;促进化石能源清洁化利用,提高能源利用效率;加大低碳技术研发与推广,推进储能、氢能、碳捕集利用与封存技术发展;健全能源体制机制建设,加快绿色能源基础设施建设等。

受资源禀赋约束,中国以煤为主的能源结构现阶段难以改变,社会经济发展高度依赖化石能源。在此背景下,中国大力推动以煤炭为代表的化石能源高效清洁利用。近年来,中国在化石能源(尤其是煤炭)清洁高效利用方面取得显著成效。例如,在煤炭领域,采取多种途径推动散煤替代,在电力、钢铁、水泥等重点行业推广煤炭清洁高效利用设备,大力发展现代煤化工等。在油气领域,持续提升油气勘探高效开发技术,创新非常规油气和深海油气开发技术,研发高效燃气轮机技术等。未来,中国将继续推进化石能源清洁高效开发利用,以实现能源的清洁供应。此外,中国也积极推广电能对传统能源的替代。2016 年,国家发展改革委、国家能源局、财政部、环境保护部、住房城乡建设部、工业和信息化部、交通运输部、中国民用航空局出台了《关于推进电能替代的指导意见》,以提升终端电气化水平。从各用能部门电气化实施来看,中国电能替代取得一定成效。例如,全面推进北方居民清洁取暖,制造与工业部门加快设备电气化改造,交通部门提高铁路电气化率,完善电动汽车充电桩建设。此外,在中国农村地区也积极推进农业生产电气化,不断扩大电能对传统炊事、取暖燃料的替代。

能源基础设施建设继续推进,能源贮运能力显著提高。2020 年末,全国发电总装机容量突破 21 亿千瓦,其中非化石能源发电装机 9 亿千瓦,占比超过 40%。据《新时代的中国能源发展》①白皮书数据,中国已建成天然气主干管道超过 8.7

---

① 《〈新时代的中国能源发展〉白皮书(全文)》,http://www.scio.gov.cn/zfbps/ndhf/42312/Document/1695299/1695299.htm[2022-08-03]。

万公里、石油主干管道 5.5 万公里、330 千伏及以上输电线路长度 30.2 万公里，建成 9 个国家石油储备项目，初步建立天然气产供储销体系。能源储运调峰能力大幅提升，能源综合应急保障能力显著增强，在新冠疫情防控中经受住了考验。

"十三五"期间能源清洁供应规模大幅增加，非化石能源占比目标任务超额完成。从一次能源生产看，如图 4-13 所示，2020 年，煤炭、石油生产占比分别降至67.3%、6.8%，天然气、一次电力则分别提高到 6.1% 和 19.8%。从消费结构看，化石能源总体消费比重稳步下降，由 88.0% 降至 83.8%，其中煤炭降至 56.7%，石油基本稳定在 18.5%～19.0%，天然气则升至 8.3%。非化石能源占比逐步增至16.2%，比规划目标提高 1.2 个百分点。

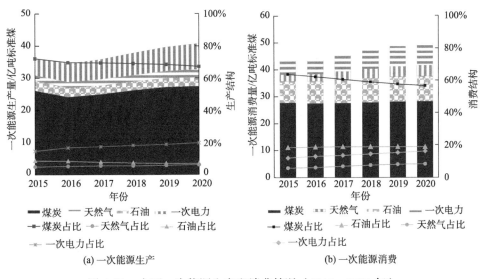

图 4-13　中国一次能源生产和消费情况（2015～2020 年）

资料来源：根据国家统计局资料整理

3. 市场化改革持续推进，能源领域营商环境得到进一步优化

在全面深化体制改革背景下，为促进能源行业高效率、高质量发展，中国不断推进和加快能源体制改革，破除能源体制障碍。为建立有效竞争的能源市场，中国陆续出台了相关政策文件，如《国务院办公厅关于深化电煤市场化改革的指导意见》《中共中央、国务院关于进一步深化电力体制改革的若干意见》《中共中央　国务院关于推进价格机制改革的若干意见》《关于深化石油天然气体制改革的若干意见》等。这些政策文件为中国各领域的能源体制改革指明方向。在电力领域，健全输配电价监管体系、放开配售电业务、开展电力现货试点；在油气领域，推进油气勘查开采体制，成立国家管网公司，改革油气产品定价机制。为促进市场公平竞争，中国还不断创新能源监管机制，履行能源监管职责，加强对电力市

场、油气管网设施、能源信用体系建设等监督与管理。中国能源体制改革逐步加速，电力市场改革逐步拓展到交易、调度、供电各环节，油气市场改革逐步覆盖上中下游全产业链。为保障各能源领域的体制改革，中国的能源法制建设也在不断完善。为建立现代能源体系，充分发挥市场资源配置作用，加快中国能源体制改革将成为一项重要工作。

"十三五"期间，中国积极推进能源领域市场化改革，促进竞争，降低成本，组建了国家油气管网集团。市场准入条件进一步放宽，油气勘探开采市场进一步放开。石油天然气交易中心、煤炭交易中心等能源交易平台相继成立，跨省跨区送电规模大增。2020年，全国市场化交易电量接近3万亿千瓦时，占全社会用电量近40%。

市场主体用能成本总体下降，可再生发电成本迅速下降。"十三五"期间，受国际供需格局波动等影响，原油价格总体低位运行。非常规天然气价格逐步放开，居民用气门站价格逐步理顺。电力体制改革稳步推进，电价水平显著降低。一般工商业电价大幅下降，大工业电价也有明显下降，企业用电负担减小。光电、风电单位成本随市场规模扩容和技术进步而大幅下降。受气温下降及国内经济强劲复苏远超预期等影响，煤炭价格在"十三五"末大幅上涨。

4. 居民用能条件显著改善，能源普遍服务水平继续提高

北方地区清洁取暖工程强力推进，清洁取暖率达到60%以上。2017年以来，在各级政府强力推进下，中国北方地区清洁取暖工程取得显著成效，清洁取暖率超过60%，较2016年提高至少25个百分点，替代散烧煤约1.4亿吨。各级政府财政和居民家庭也为之付出了很高的经济成本，煤炭、柴草等固体燃料在家庭炊事用能中的比重也持续下降，室内外空气质量明显改善。

农村用电条件继续改善，光伏工程一举多得。继2015年全面解决无电人口问题之后，中国实施了新一轮农村电网改造升级，农村平均停电时间降至15小时，综合电压合格率提升到99.7%。全国农村大电网覆盖范围内的农村全部通上动力电，农村电气化率达到18%。我国还因地制宜实施了光伏工程，每年可产生发电收益约180亿元，惠及400余万农户。

5. 推动共建"一带一路"能源合作向高质量发展

自"一带一路"倡议提出以来，中国能源合作朝着更大范围、更高水平、更深层次方向发展，中国能源企业走出去步伐也在不断加快。截至2020年3月，中国已与138个国家、31个国际组织签订共建"一带一路"合作文件[①]。"一带一路"

---

①《中国已与138个国家、31个国际组织签署201份共建一带一路合作文件》，http://sg.mofcom.gov.cn/article/ydyl/202011/20201103016788.shtml[2020-11-18].

推动中国与沿线国家广泛开展能源合作,完成一批重大能源合作项目建设,如中亚跨国油气管道建设、越南太阳能产业基地建设、区域电网互联互通合作等。在新冠疫情常态化、全球经济不确定性加大背景下,中国加快构建以国内大循环为主体,国内国际双循环相促进的发展格局,并提出共建"一带一路"能源合作高质量发展。"一带一路"能源合作高质量发展旨在互利共赢,激发沿线国家经济增长动力,创造就业机会,提高生活水平。从合作国家来看,中国已与中亚、东南亚、中东欧及俄罗斯开展了能源合作。2020 年底,中国与非洲联盟签署《中华人民共和国政府与非洲联盟关于共同推进"一带一路"建设的合作规划》,中非共建"一带一路"合作将加快。从合作领域来看,主要围绕油气开展合作。随着"一带一路"沿线国家纷纷制定发电低碳转型政策,中国与"一带一路"沿线国家和地区可再生能源项目投资额呈持续增长态势,未来可再生能源发电、电网建设项目将成为"一带一路"合作投资热点。

4.3　我国"十四五"时期能源总体需求预测

4.3.1　"十三五"时期中国能源发展简要回顾

"十三五"时期,能源供需结构不断优化,能源强度继续降低,能源市场化改革有序推进,能源普遍服务水平大幅提升,能源发展支撑中国经济社会高质量发展,助力全面建成小康社会圆满收官。

1. 总量控制目标如期实现,受疫情影响强度降幅与目标有所差距

能源消费总量中低速增长,2020 年接近 50 亿吨标准煤。"十三五"前四年,中国能源消费总量增速处在较低水平。受新冠疫情影响,全国经济增速在 2020 年第一季度大幅下滑至–6.8%后逐步回升。能源消费增速也呈现同样变化方向,但波动幅度小于总体经济增速的波动幅度。根据国家统计局在 2020 年 1 月 18 日发布的初步核算数据测算,"十三五"期间,全国能源消费总量年均增速为 2.8%,较"十二五"降低 1 个百分点,2020 年全国能源消费总量 49.8 亿吨标准煤,比上年增长 2.2%,"十三五"期间全国能耗总量控制目标如期实现。

2. 单位 GDP 能耗"十三五"前四年持续下降,2020 年因疫情下降甚微

"十三五"以来,中国单位 GDP 能耗降速有所放缓,前四年累计下降 13.2%。2020 年能源密集型行业受新冠疫情的负面冲击相对较小,公用事业和居民生活刚性用能不减甚至保持较高增速,单位 GDP 能耗在第一季度出现显著上升局面,前三季度累计同比仍然略有上升。其部分原因是中国能源与资本的替代弹性较弱,与劳动的替代弹性相对较高。根据国家统计局数据,单位 GDP 能耗在 2020 年第

四季度由升转降，拉动全年整体下降 0.1 个百分点，"十三五"期间单位 GDP 能耗累计降幅达 13.3%。尽管强度业绩比预设目标差 1.7 个百分点，但来之不易。

3. 能源消费弹性系数总体上略低于 0.5，2020 年因疫情反弹近 1

"十三五"前四年能源消费弹性系数较"十二五"同期减少了 0.1。2020 年因新冠疫情影响，能源消费降幅较小，仍保持 2.2%的增速，能源消费弹性系数增加到 0.96。"十三五"期间中国总体上实现了能源消费每增长 1%支撑经济增长超过 2%，能源弹性系数略低于 0.5。随着经济增速总体趋缓，能源消费弹性系数的下降进程对于单位 GDP 能耗能否保持快速下降至关重要。

4.3.2　"十四五"时期能源需求预测思路与方法

"十四五"期间，中国能源系统的清洁低碳高效转型在各级政府和各部门工作中的权重将显著增大，加速经济绿色发展、国家治理体系和治理能力的现代化进程。在国家政策支持和鼓励下，全社会对低碳发展重要性的认同日益加深，相应流入能源转型相关领域的国有资本、社会资本和财政资金将显著增多，助力能源产业链完善和能源技术革命再上新台阶。此外，随着人工智能、云计算、大数据和"互联网+"等现代信息通信技术的快速进步、不断成熟，为更好实现能源资源灵活配置，新一代信息通信技术与能源产业的融合有望进一步提速和深化，推动智慧能源产业成为重要的经济增长点，支撑中国能源系统的清洁低碳高效转型。

在众多指标中，能源消费弹性系数较好刻画了能源需求和经济发展之间变动的敏感程度。能源消费弹性系数预测方法则基于宏观视角，总结反映能源需求和经济发展之间的依赖趋势与相关变化关系，构建能源需求预测总量模型，在把握未来经济发展变化趋势的基础上，判断未来能源走向和测算未来能源需求。本章主要应用能源消费弹性系数法对中国"十四五"能源消费需求进行预测。应用的主要公式如下：

$$\ln E = a + b \ln Y + \varepsilon$$

其中，E 表示能源消费需求量，包括全国能源消费总量、各主要产业能源消费量及各主要品种能源消费量等；Y 表示社会经济指标体量，包括 GDP、产业增加值及居民可支配收入等；b 表示能源消费需求对经济发展的弹性系数。结合中国"十四五"时期经济指标增速和能源消费弹性，即可得到未来各年度能源消费增速，进而求出"十四五"期间相应的能源消费需求量。

"十三五"时期经济增速总体呈下降趋势，2019 年经济增速为 6.10%。因新冠疫情冲击，2020 年我国经济增速可能降至 1.00%[①]。一次能源消费增速大致呈先

---

① 此处为研究时所做的预测数据，2020 年我国经济增速实际为 2.2%。

升后降趋势,2019 年降至 3.30%,年均增速 2.76%。一次能源消费弹性系数保持上升,但增速逐年降低,2019 年为 0.54,大致处于最高点,年均弹性 0.42(表 4-1)。

表 4-1　我国一次能源消费总量主要指标(2016~2025 年)

主要指标	"十三五"					"十四五"				
	2016年	2017年	2018年	2019年	2020年	2021年	2022年	2023年	2024年	2025年
实际 GDP/万亿元	81.88	87.53	93.39	99.09	100.08	106.08	112.18	118.35	124.57	130.79
实际 GDP 增速	6.80%	6.90%	6.70%	6.10%	1.00%	6.00%	5.75%	5.50%	5.25%	5.00%
实际 GDP 平均增速	6.62%					5.50%				
消费总量/亿吨标准煤	43.58	44.85	46.40	48.60	48.84	49.99	51.05	52.03	52.93	53.75
消费总量增速	1.38%	2.92%	3.45%	3.30%	0.50%	2.34%	2.13%	1.93%	1.73%	1.55%
消费总量平均增速	2.76%					1.94%				
弹性	0.20	0.42	0.51	0.54	0.50	0.39	0.37	0.35	0.33	0.31
平均弹性	0.42					0.35				

注:GDP 为 2019 年不变价。2019 年及以前数据来自国家统计局,2020 年及之后数据为预测数据;增速、平均增速数据根据原始数据(小数点保留位数较多)进行计算,且经过四舍五入修约处理;平均增速计算公式为$[(1+增速\,1)\times(1+增速\,2)\times\cdots\times(1+增速\,k)]^{\wedge}(1/k)-1$

"十四五"时期,国民经济增速将进一步放缓,平均增速大致保持在 5.50%的水平。随着能源革命战略深入实施以及能源消费目标双约束作用,高耗能产业拉动能力明显下降,低耗能产业迅速发展,单位 GDP 能耗将持续下降。受疫情影响,2020 年前期能源需求下滑明显,但随着复工复产有序推进及国家宏观调控,2020年能源消费同比略微增长。

4.3.3　"十四五"时期能源预测结果与结论

1. "十四五"时期能源消费总量年均增长 1 亿吨标准煤

"十四五"时期我国一次能源总量需求增长将稳步放缓,2025 年末我国一次能源总量需求预计为近 54 亿吨标准煤,较"十三五"末增加 5 亿吨标准煤,年均增幅 1 亿吨标准煤,年均增速 1.9%。

按需求部门划分,"十四五"能源增量主要来自第三产业和居民生活消费,二者贡献率高达 90%。其中,第一产业用能略高于 1 亿吨标准煤,占总能耗比重稳定在 2%左右;第二产业用能在"十四五"末迎来拐点,峰值约为 33 亿吨标准煤,占总消费比重下滑至 60%;第三产业和居民用能保持快速增长,分别增加 2.2 亿吨标准煤和 2.5 亿吨标准煤,到"十四五"末分别达 11.2 亿吨标准煤和 9.3 亿吨标准煤。

按主要能源品种划分,"十四五"能源增量主要来自天然气和一次电力清洁能源,二者贡献率高达80%。其中,煤炭保持低速增长,于2025年左右达峰,峰值约28亿吨标准煤;石油增速下滑,总增幅约8000万吨标准煤,份额依旧稳定在19%左右;天然气和一次电力保持高速增长,分别增加2亿吨标准煤和2.7亿吨标准煤。

"十四五"时期,我国消费总量增速继续放缓。如图4-14所示,能源消费持续增长,但平均增速较"十三五"时期下降近1个百分点,平均增速增幅由"十三五"时期的13%降至10.1%。2021年全国一次能源消费迈入50亿吨标准煤大关,2023年将接近52亿吨,2025年将达54亿吨,较"十三五"末增长5亿吨标准煤,年均增幅1亿吨,单位GDP能耗进一步降低。

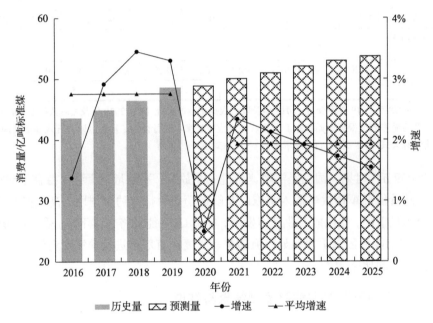

图4-14　我国一次能源消费总量变化趋势(2016~2025年)

随着国民经济产业结构不断优化,以及各产业内部结构优化,用能大户工业对能源需求增长空间不断压缩,增长份额将主要来自第三产业和居民消费领域。我国经济发展虽然在"十三五"末受疫情影响而产生波动,但长期向好的形势不会改变。整体来看,随着经济增长放缓,对能源依赖度将不断降低,加之技术进步能效提高,我国面临的能源进口及应对气候变化压力将不断减小。

对比我国能源消费结构,以工业为主的第二产业长期占据主体地位,份额超过60%,而第一产业、第三产业以及居民生活用能占比相对较小。工业部门中,传统能源发电及钢铁冶金等重工业是耗能大户;第三产业和居民消费领域,动力能源和生活用能占主要比重。从消费部门角度预测能源需求可更好把握产业转型方向，引导我国产业从高能耗业态向低能耗业态转变，优化产业结构，并推动居民生活质量提高。"十四五"时期，第一产业用能基本趋稳，第二产业用能达到峰值，第三产业用能稳步增加，居民用能快速提升。

2. 乡村振兴进一步增强农业对能源的依赖

第一产业能源消费体量较小，"十三五"期间增幅不大。如表 4-2 所示，"十三五"时期，第一产业用能保持低速增长，2016～2019 年由 8500 万吨标准煤上升到约 1 亿吨标准煤，年均增幅仅 400 万吨标准煤。能源消费增速同增加值增速基本保持一致，总体呈先升后降的趋势，年均增速约 4%。得益于农业现代化和乡村振兴战略的推进实施，第一产业对能源依赖有所增强，消费弹性保持上升，且均高于 1，间接表明能源作为第一产业"奢侈品"——农机设备的相关品，随着国家政策扶持力度加强和农民收入增加，需求提升明显。

表 4-2　我国第一产业能源消费主要指标（2016～2025 年）

主要指标	"十三五"					"十四五"				
	2016年	2017年	2018年	2019年	2020年	2021年	2022年	2023年	2024年	2025年
增加值/万亿元	6.35	6.60	6.83	7.05	7.26	7.48	7.70	7.92	8.15	8.37
增加值增速	3.30%	4.00%	3.50%	3.10%	3.00%	3.00%	2.95%	2.90%	2.85%	2.80%
增加值平均增速	3.47%					2.90%				
能源消费量/亿吨标准煤	0.85	0.89	0.93	0.97	1.00	1.04	1.08	1.13	1.17	1.22
能源消费量增速	3.79%	4.53%	4.20%	4.03%	3.60%	3.99%	3.95%	3.92%	3.88%	3.84%
能源消费量平均增速	4.14%					3.92%				
弹性	1.15	1.13	1.20	1.30	1.20	1.33	1.34	1.35	1.36	1.37
平均弹性	1.19					1.35				

注：增加值为 2019 年不变价。2019 年及以前数据来自国家统计局，2020 年及之后数据为预测数据；增速、平均增速数据根据原始数据（小数点保留位数较多）进行计算，且经过四舍五入修约处理；平均增速计算公式为 $[(1+增速\ 1)\times(1+增速\ 2)\times\cdots\times(1+增速\ k)]^{\frac{1}{k}}-1$

2020 年上半年，工业、服务业大面积停产停工，使得春耕时节大量劳动力赋闲在家，减缓了疫情对农业及第一产业的冲击。结合国家统计局数据，预测 2020 年第一产业受新冠疫情影响相对较小，增加值增幅与上年基本持平，但由于劳动力不可避免替代了部分资本，能源依赖略有降低。随着《乡村振兴战略规划（2018—2022年）》等一系列政策出台实施，强调提升农业装备和信息化水平，将助力"十四五"加快农业现代化步伐，增加第一产业用能需求。

预测"十四五"期间第一产业对能源依赖继续增强，消费弹性仍保持高位上升态势，但受第一产业增加值降速影响，能源消费增速继续下滑，用能总体保持低速、小幅增长。如图 4-15 所示，"十四五"时期第一产业用能逐年上升，2021年突破 1 亿吨标准煤，2025 年将达 1.22 亿吨标准煤，年均增幅 400 万吨，与"十三五"时期相当。消费增速逐年放缓，但降幅不大，年均近 4%，较"十三五"时期略有降低。

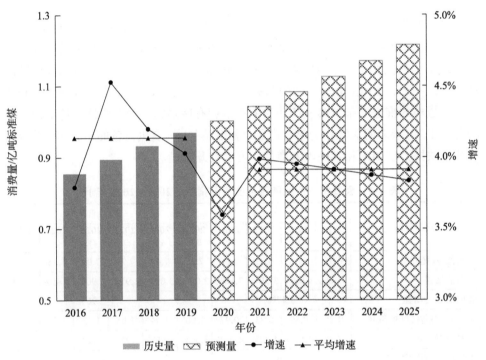

图 4-15　我国第一产业能源消费变化趋势（2016～2025 年）

在 2020 年全面建成小康社会的基础上，面向第二个百年奋斗目标，"十四五"时期将进一步加快调整转变传统农业生产方式，加强资本、技术对劳动力的替代。同时，为应对全球气候变化影响，推进农业机械化、现代化更为迫切。随着农业生产管理方式转变及农民收入增加，现代化耕作设备的使用和推广等将进一步加大柴油、电力等能源品种需求。在降低能耗强度的问题上，由于农业等产值份额较小，作为权宜之计，第一产业阶段性能耗上升对国民经济总体能耗强度影响甚微，降低单位产值能耗的重任主要还在第二、第三产业上。

3. 第二产业用能将于 2022 年达峰，峰值约 33 亿吨标准煤

第二产业能源需求潜力已基本释放殆尽。如表 4-3 所示，"十三五"时期，第二产业增加值韧性较足，年均增速 5.85%，产值增幅保持上升，用能及增速呈逐

年上升态势，年均增速约 1.8%，增幅从 2017 年的 4800 万吨标准煤上升到 2019 年 1.24 亿吨标准煤，需求弹性平均为 0.31。"十三五"时期处于全面建成小康社会决胜阶段，为着力解决不平衡不充分的发展问题，加速了对日常化工用品等的需求，尤其是进入收官阶段，刺激作用显著，增加了工业用能尤其是石油的需求，为决胜全面建成小康社会保驾护航。

表 4-3　我国第二产业能源消费主要指标（2016～2025 年）

主要指标	"十三五"					"十四五"				
	2016年	2017年	2018年	2019年	2020年	2021年	2022年	2023年	2024年	2025年
增加值/万亿元	32.61	34.53	36.53	38.62	38.81	40.81	42.79	44.73	46.64	48.48
增加值增速	6.00%	5.90%	5.80%	5.70%	0.50%	5.15%	4.85%	4.55%	4.25%	3.95%
增加值平均增速	5.85%					4.55%				
能源消费量/亿吨标准煤	29.82	30.30	30.97	32.21	32.22	32.46	32.54	32.51	32.34	32.06
能源消费量增速	−0.58%	1.61%	2.20%	3.99%	0.05%	0.72%	0.24%	−0.09%	−0.51%	−0.87%
能源消费量平均增速	1.79%					−0.10%				
弹性	−0.10	0.27	0.38	0.70	0.10	0.14	0.05	−0.02	−0.12	−0.22
平均弹性	0.31					−0.02				

注：增加值为 2019 年不变价。2019 年及以前数据来自国家统计局，2020 年及之后数据为预测数据；增速、平均增速数据根据原始数据（小数点保留位数较多）进行计算，且经过四舍五入修约处理；平均增速计算公式为 $[(1+增速1)\times(1+增速2)\times\cdots\times(1+增速k)]^{\frac{1}{k}}-1$

2020 年上半年，以工业、建筑业为代表的第二产业受新冠疫情影响较重，增加值降幅较大，能源需求降低，其中能源工业尤其是中小企业受影响更大，加之国际能源供应链断裂，国内能源供给面临巨大挑战。但随着全民抗疫，积极复工复产，预计 2020 年下半年这一现象将逐步得到改观。预测 2020 年第二产业增加值基本与上年持平，能源依赖虽降低明显，但消费需求变化不大[①]。

近年来，供给侧结构性改革深入推进，传统制造业向智能制造业加速转变，高端制造业群体不断壮大，产值能耗不断降低。在工业领域，《工业节能管理办法》深入贯彻实施，成效显著，节能空间进一步加大。此外，人口出生率下降、住房需求降低、绿色建筑推广，亦降低了能源需求压力。有部分观点认为工业用能将

---

① 根据《中国统计年鉴 2021》和《中国能源统计年鉴 2021》数据，2020 年我国第二产业增加值实际增长 2.6%，比预测增速高 2.1 个百分点；2020 年我国第二产业能源消费实际增长 3.1%，比预测增速高 3 个百分点。得益于全国统筹推进疫情防控和经济社会发展的政策举措，我国工业体系韧劲足，2020 年下半年工业企业复工复产进度远超预期。国家统计局快报数据显示，2020 年全国规模以上工业增加值一季度同比下降 8.4%，第二、第三、第四季度同比分别增长 4.4%、5.8%、7.1%。其中，能源密集型企业发挥了重要作用，能源需求弹性增加，消费量增长约 1 亿吨标准煤。

于"十三五"末达峰,但根据 2019 年实际情况,我国能源消费增幅 2.2 亿吨标准煤,第二产业贡献率超过 50%,韧性较足。跨入"十四五"时期,若在保持能源消费总量年均增幅 1 亿吨标准煤前提下,第二产业贡献率将微乎其微,其用能将接近峰值,迎来拐点。

预测"十四五"时期,随着产业转型升级步伐加快,重工业比重进一步降低,高能耗业态向低能耗业态加速转移,第二产业能源消费达峰,为其他部门用能腾出更大空间。如图 4-16 所示,"十四五"时期第二产业能源需求增速呈逐年下滑趋势,并于 2022 年后实现负增长,年均增速跌至 0 位以下,较"十三五"时期降低约 2 个百分点,二者形成强烈反差。在 2022 年之前,第二产业用能仍低速增长,2022 年达到 32.54 亿吨标准煤峰值,2025 年降至 32.06 亿吨标准煤,回落至 2020 年水平。

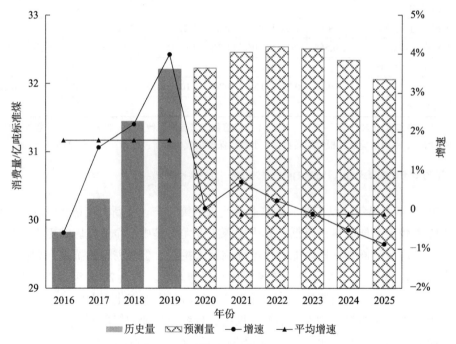

图 4-16　我国第二产业能源消费变化趋势(2016~2025 年)

我国第二产业能耗占比大,长期以来占全国能源消费比重超过 60%,且能耗产品丰富。随着能源安全及全球气候变化挑战升级,第二产业成为矛盾焦点,因此必须站在全局高度,着力优化该部门用能,解决好消费需求大和能耗强度高的双重问题,真正推动能源革命。具体而言,关键在于优化三大产业结构和工业内部结构。随着工业产值比重降低,重工业等高耗能产业占比下降,先进制造业等轻工业占比上升,工业用能需求放缓。加之投资规模等扩大,对先进制造设备需求增加,推动先进制造业、绿色制造业发展,进一步压缩落后产能,优化产业结构,降低产值能耗。另外，随着人口增速放缓，住房需求趋于饱和，环保约束增强，建筑业能耗回落。综合而言，第二产业用能达峰将成为我国能源革命的重要转折点。

4. 第三产业增幅贡献率将近 50%，能源效率稳步提升

第三产业对能源消费带动作用逐步加强。如表 4-4 所示，"十三五"时期第三产业能源消费需求逐年提高，且保持较高增速，消费量从 2016 年的 7.48 亿吨标准煤增长到 2019 年的 8.85 亿吨标准煤，年均增幅 4600 万吨标准煤，对总消费增长贡献率上升。同时，第三产业消费增速与增加值增速大致保持一致，先升后降。消费弹性保持增长，对能源依赖增强。"十三五"时期，第三产业是我国实现产业结构现代化的前沿阵地，产值保持高速增长，其中交通运输业发展增加了能源依赖，用能需求转移和现代服务业快速发展，拉动了能源尤其是电力消费。

表 4-4　我国第三产业能源消费主要指标（2016～2025 年）

主要指标	"十三五"					"十四五"				
	2016年	2017年	2018年	2019年	2020年	2021年	2022年	2023年	2024年	2025年
增加值/万亿元	42.73	46.27	49.98	53.42	54.01	57.79	61.69	65.70	69.81	74.00
增加值增速	8.10%	8.30%	8.00%	6.90%	1.10%	7.00%	6.75%	6.50%	6.25%	6.00%
增加值平均增速	7.82%					6.50%				
能源消费量/亿吨标准煤	7.48	7.89	8.37	8.85	8.94	9.44	9.92	10.37	10.79	11.18
能源消费量增速	4.49%	5.50%	6.00%	5.73%	1.05%	5.60%	5.06%	4.55%	4.06%	3.60%
能源消费量平均增速	5.43%					4.57%				
弹性	0.55	0.66	0.75	0.83	0.95	0.80	0.75	0.70	0.65	0.60
平均弹性	0.69					0.70				

注：增加值为 2019 年不变价。2019 年及以前数据来自国家统计局，2020 年及之后数据为预测数据；增速、平均增速数据根据原始数据（小数点保留位数较多）进行计算，且经过四舍五入修约处理；平均增速计算公式为$[(1+增速1)\times(1+增速2)\times\cdots\times(1+增速k)]^{\frac{1}{k}}-1$

2020 年新冠疫情对第三产业尤其是服务业造成了较大冲击，特别是运输业、住宿餐饮业、娱乐休闲等产业，产值降幅明显。随着各大城区隔离限制逐步放松，复工复产稳步推进，人员流动加快，加之新兴服务业韧性十足，发展迅猛，预计在下半年，第三产业大概率将全面复苏，迎来消费高潮，填补疫情期间部分损失。预测全年第三产业增加值和能源消费需求较上年略有增长，增速保持在 1% 左右[①]。

随着我国经济增长方式转变和结构调整，"十四五"时期现代服务业体系将继

---

① 根据《中国统计年鉴 2021》和《中国能源统计年鉴 2021》数据测算，2020 年我国第三产业增加值实际增长 2.1%，比预测增速高 1 个百分点。2020 年我国第三产业能源消费量下降 2.8%，比预测增速低约 3.9 个百分点。疫情防控下的物理隔离对交通运输部门的影响超出预期。

续壮大，互联网经济、数字经济、共享经济等新模式、新业态与传统产业加速融合，进一步带动服务业和信息产业快速发展，信息传输、软件和信息技术服务业用电保持快速增长势头。

受国民经济增速放缓影响，预测"十四五"时期，第三产业消费弹性和消费增速有所降低，但用能继续保持较高速度增长，对能源消费增长拉动作用更为显著。如图 4-17 所示，"十四五"时期，第三产业能源需求增速逐年下降，平均增速保持在 4.6%左右，较"十三五"时期下调约 1 个百分点，但增幅较大，年均超过 4000 万吨标准煤，2021 年达 9.44 亿吨标准煤，较 2020 年增长 5000 万吨标准煤，2025 年将超过 11 亿吨标准煤，占能源消费总量比重突破 20%。

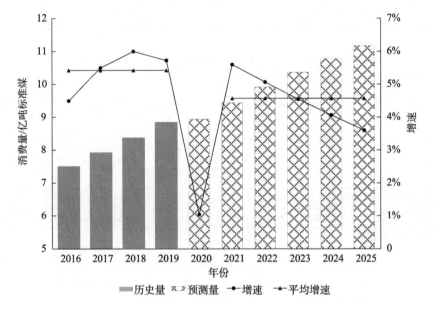

图 4-17　我国第三产业能源消费变化趋势（2016～2025 年）

注：2019 年及以前数据来自国家统计局

随着我国产业结构优化升级，第三产业将成为推动国民经济发展的主要引擎。结合国外发达国家发展历程看，步入工业化后期，第三产业增加值比重逐步上升，能耗份额不断上升。受国民经济下行影响，我国第三产业产出仍无可避免持续减速，但增速仍旧保持高位，增幅可观。同样，第三产业能源消费增幅虽有所放缓，但随着第二产业用能趋于饱和，腾出空间，第三产业消费增量较大。我国新兴服务业快速发展对电力需求激增，是总能耗增长的主力军。虽然用能增长迅速，且部分传统服务业能效还有待提升，但现代服务业能源集中利用效率较高，降低了能耗强度，顺应了绿色发展的潮流。"十四五"时期，第三产业对用能需求增量贡献率将近 50%，成为新增消费主要阵地以及新能源、清洁能源推广前沿。

5. 居民用能大幅提升以满足美好生活需要

居民日常生活对能源依赖逐渐上升。如表 4-5 所示,"十三五"时期,居民部门能源消费逐年上升并保持高速增长,年均增速约 7%,由 2016 年的 5.42 亿吨标准煤上升至 2019 年的 6.58 亿吨标准煤,年均增幅约 4000 万吨标准煤。居民可支配收入与国民经济增速基本保持一致,对能源消费依赖性增强,平均弹性超过 1 个单位。其间,全国电网改革完善,部分解决了新能源并网问题,一定程度上缓解了能源调峰压力,保障了居民生活消费。随着用能结构转换,在国家号召引导下,用能观念不断改变,居民对新能源、清洁能源需求将随收入提高而大幅增长。

表 4-5　我国居民能源消费主要指标（2016~2025 年）

主要指标	"十三五"					"十四五"				
	2016年	2017年	2018年	2019年	2020年	2021年	2022年	2023年	2024年	2025年
可支配收入/万亿元	35.18	37.93	40.54	43.03	43.46	46.07	48.71	51.39	54.09	56.80
可支配收入增速	6.89%	7.83%	6.88%	6.13%	1.00%	6.00%	5.75%	5.50%	5.25%	5.00%
可支配收入平均增速	6.93%					5.50%				
能源消费量/亿吨标准煤	5.42	5.76	6.13	6.58	6.68	7.16	7.67	8.19	8.74	9.30
能源消费量增速	8.20%	6.29%	6.39%	7.30%	1.50%	7.26%	7.07%	6.88%	6.67%	6.45%
能源消费量平均增速	7.04%					6.87%				
弹性	1.19	0.80	0.93	1.19	1.50	1.21	1.23	1.25	1.27	1.29
平均弹性	1.02					1.25				

注:可支配收入为 2019 年不变价。2019 年及以前数据来自国家统计局,2020 年及之后数据为预测数据;增速、平均增速数据根据原始数据(小数点保留位数较多)进行计算,且经过四舍五入修约处理;平均增速计算公式为$[(1+增速\,1)\times(1+增速\,2)\times\cdots\times(1+增速\,k)]^{\frac{1}{k}}-1$

2020 年新冠疫情期间,居民居家生活时长大幅增加,对电力等能源依赖性增强,同时,相比于公共交通,私有交通安全系数较高,增加了回合使用率进而部分缓解了汽油需求下降颓势,但受限于隔离管制,居民用能总体需求仍保持下滑。受经济下行影响,预测 2020 年居民可支配收入保持略微增长,用能增幅约 1000 万吨标准煤[①]。

迈入"十四五"时期,我国开启现代化建设新征程,在全面建成小康社会基础上,面对跨越中等收入陷阱这一重大历史命题,我们还要做很多工作,以进一步提升人民群众生活质量,相应地,对能源尤其是清洁能源和新能源需求将更为迫切。

---

① 根据《中国统计年鉴 2021》和《中国能源统计年鉴 2021》数据测算,2020 年我国居民可支配收入增速为 2.3%,比预测增速高 1.3 个百分点。2020 年居民部门能源消费量增长 4.3%,比预测增速高 2.8 个百分点。

　　预测"十四五"时期，居民对能源依赖持续走高，消费弹性保持高位上升，能源增速和增幅均居各部门前列。如图 4-18 所示，受可支配收入下行影响，"十四五"期间我国居民部门能源需求增速放缓，但仍保持约 7%高位，基本与"十三五"时期持平。2021 年能源消费略高于 7 亿吨标准煤，2023 年突破 8 亿吨标准煤，"十四五"末将超过 9 亿吨标准煤，年均增幅不低于 5000 万吨。

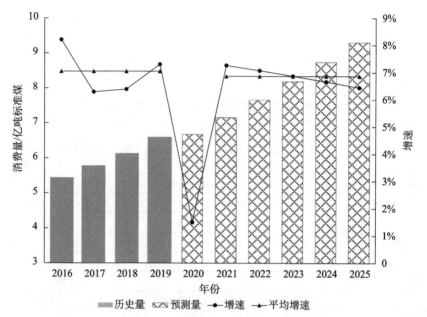

图 4-18　我国居民能源消费变化趋势（2016～2025 年）
注：2019 年及以前数据来自国家统计局

　　进入新时代，我国社会主要矛盾是人民日益增长的美好生活需要和不平衡不充分的发展之间的矛盾。在新冠疫情期间，能源作为生活生产重要支撑，在实现"六保"目标中居基础性地位，是不容突破的底线，其作用无可替代。就居民日常生活用能而言，主要受价格和发展水平影响，现代化能源整体消费水平不高，这也是美好生活矛盾体现的一个方面。特别地，对部分居民来说，现代化能源是一种奢侈品，其消费量受收入影响及生活用能习惯更加明显。随着生态环境约束增强，传统能源已不能满足日常用能需要，因此，随着国家政策调整红利普及渗透和可支配收入提高，居民用能在"十四五"期间将保持较高速度增长，日常生活消费用能提升，私人交通用油用电、生活用气、居家用电，将成为居民部门能源消费增长的核心动力和主要引擎。

　　6. 产业优化引致更加均衡的能源消费结构

　　如表 4-6 所示，"十四五"期间，我国能源消费总量年均增幅近 1 亿吨标准煤，其中，第一产业能耗保持低水平稳定，对整体贡献较小；第二产业能耗于 2022 年达峰，为其他部门消费腾出空间；第三产业能耗保持稳定上升，年均增幅为 4000 多万吨标准煤；居民部门消费增长强劲，年均增幅超 5000 万吨标准煤。第三产业和居民部门对能源消费总量增幅贡献作用空前。

表 4-6　我国部门一次能源消费量（2016～2025 年）（单位：亿吨标准煤）

类别	"十三五"					"十四五"				
	2016年	2017年	2018年	2019年	2020年	2021年	2022年	2023年	2024年	2025年
第一产业	0.85	0.89	0.93	0.97	1.00	1.04	1.08	1.13	1.17	1.22
第二产业	29.82	30.30	30.97	32.21	32.22	32.46	32.54	32.51	32.34	32.06
第三产业	7.48	7.89	8.37	8.85	8.94	9.44	9.92	10.37	10.79	11.18
居民	5.42	5.76	6.13	6.58	6.68	7.16	7.67	8.19	8.74	9.30

注：2019 年及以前数据来自国家统计局，2020 年及之后数据为预测数据

从能源消费结构看（图 4-19），"十四五"期间，第一产业能源消费份额保持稳定，大致维持在 2% 左右；第二产业能源消费仍占总能耗大半壁江山，但由于能源需求渐趋饱和，能源消费份额逐年降低，2025 年降至 60%；第三产业和居民部门是未来用能的主要领域，能源消费份额稳步上升，2025 年两部门消费份额合计近 40%，主体地位愈加显著。

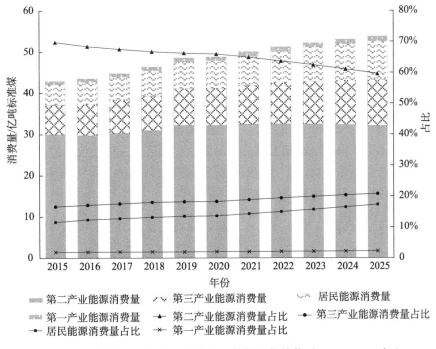

图 4-19　我国部门一次能源消费量及结构变化趋势（2015～2025 年）

对比而言,"十四五"时期将进一步推动部门能源消费结构演变。"十二五"末期,2015年全国能源消费总量43亿吨标准煤,其中第一产业占比约2%,第二产业占比高达约70%,第三产业占比不足17%,居民部门能源消费仅占11.7%。"十三五"期间,能源消费总量增幅近6亿吨标准煤,2020年第二产业能源消费占比将下降至66.0%,第三产业能源消费占比上升1.6个百分点,达18.3%,居民部门能源消费占比13.7%,较"十二五"末上升2个百分点,结构演变初见端倪。"十四五"时期,能源消费总量上升至近54亿吨标准煤,能源消费结构继续优化,2025年第二产业用能占比将再下降6个百分点以上,跌破60%;第三产业占比持续上升,超过20%;居民部门消费提高3.6个百分点,达17.3%(图4-20)。

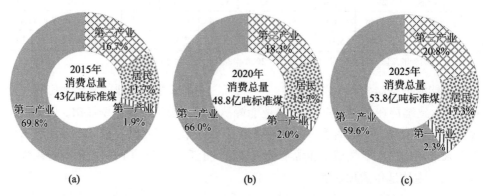

图4-20　我国部门一次能源消费结构(2015年、2020年、2025年)

注:2015年数据来自国家统计局,2020年和2025年数据为预测数据

2016~2025年,经济增长对能源总体依赖降低。第一产业增加值份额较小,影响不明显;第二产业能源消费量在"十四五"时期实现负增长,与产值呈负相关关系;第三产业对能源依赖保持稳定,与产值呈线性增长关系;居民部门能源消费量增幅较可支配收入更为显著,对能源依赖逐步加强。从结构上看,第二产业消费份额不断下降,能源消费量先增后降,但仍居于主体地位;第三产业能源消费量同消费份额保持稳步上升;居民部门能源消费份额较消费量增长更为显著;第一产业能源消费量增幅较小,份额基本稳定。

7. 煤炭消费已进入平台期,基本维持在接近28亿吨标准煤水平

煤炭在我国一次能源消费结构中长期占据主体地位,但增长空间日渐缩小。近年来,随着清洁能源快速发展以及"气代煤""电代煤"等力度加大,煤炭占一次能源消费比重逐步下降。如表4-7所示,"十三五"时期,煤炭消费总体保持增长态势,但增速很小,年消费量基本保持略高于27亿吨标准煤水平,2016~2019年年均增幅约为2100万吨标准煤,占一次能源消费比重继续下降。

表 4-7　我国煤炭消费主要指标（2016～2025 年）

主要指标	"十三五"					"十四五"				
	2016年	2017年	2018年	2019年	2020年	2021年	2022年	2023年	2024年	2025年
实际 GDP/万亿元	81.88	87.53	93.39	99.09	100.08	106.08	112.18	118.35	124.57	130.79
实际 GDP 增速	6.80%	6.90%	6.70%	6.10%	1.00%	6.00%	5.75%	5.50%	5.25%	5.00%
实际 GDP 平均增速	6.62%					5.50%				
煤炭消费/亿吨标准煤	27.03	27.09	27.38	27.65	27.68	27.77	27.82	27.85	27.86	27.85
煤炭消费增速	−1.29%	0.22%	1.05%	1.00%	0.12%	0.30%	0.20%	0.11%	0.03%	−0.05%
煤炭消费平均增速	0.24%					0.12%				
弹性	−0.19	0.03	0.16	0.16	0.12	0.05	0.04	0.02	0.01	−0.01
平均弹性	0.04					0.02				

注：GDP 为 2019 年不变价。2019 年及以前数据来自国家统计局，2020 年及之后数据为预测数据；增速、平均增速数据根据原始数据（小数点保留位数较多）进行计算，且经过四舍五入修约处理；平均增速计算公式为 $[(1+增速\ 1)×(1+增速\ 2)×\cdots×(1+增速\ k)]^{\frac{1}{k}}-1$

2020 年上半年，工业生产受新冠疫情影响较大，煤炭供需市场受到冲击，在国民经济逐渐向好的情况下，预测全年煤炭消费保持略微增长，增幅为 200 万吨标准煤[①]。

"十三五"时期，煤炭行业改革持续深化，清洁性、安全性逐步提升。进入"十四五"时期，随着能源革命加快推进，油气替代煤炭、非化石能源替代化石能源同向发力，生态环境约束日益强化，煤炭行业提质增效、转型升级要求将更为迫切，煤炭依赖有降无增，消费需求迎来历史性拐点。

预测"十四五"时期煤炭增速进一步放缓，需求渐趋饱和。如图 4-21 所示，"十四五"时期，我国煤炭依赖性进一步减弱，消费增速较"十三五"时期继续降低，几乎接近零增长。2021 年消费约 27.8 亿吨标准煤，并在 2024 年达峰，峰值近 28 亿吨标准煤，2025 年降至 27.85 亿吨标准煤。煤炭对能源增长贡献率持续下降，助力能源消费清洁化、低碳化大步向前。

基于天然资源优势，煤炭对我国用能需求贡献巨大，发挥了不可替代的历史性作用，但随着生态环境等的约束作用日渐增强，作为传统高碳化石能源，煤炭的不足之处逐渐显现，主要体现在清洁性和利用成本上。目前看来，通过技术进步解决煤炭消费清洁环保问题仍无定论，而受限于我国煤炭资源分布不均的状况以及地区发展水平不一致问题，无论是转移消费还是就地使用均面临较高成本。因此，在这些问题没有解决之前，需求增量不宜由煤炭来满足。在能源消费总量未达峰之前，考虑到其他传统能源供应安全问题，可以用少量煤炭替代工业对其他能源的需求，以实现第二产业用能尽早达峰。随着产业结构的不断优化，煤炭

---

① 根据《中国能源统计年鉴 2021》数据，2020 年我国煤炭消费实际增长 0.8%，比预测增速高 0.68 个百分点。

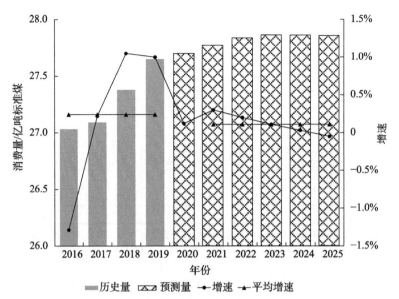

图 4-21　我国煤炭消费需求变化趋势（2016～2025 年）

需求持续走低成为必然。但立足短期发展态势，站在全局高度统筹考虑，基于煤炭在我国能源安全中的核心战略地位，在新时代能源体系中，其仍将发挥"压舱石"和"稳定器"作用。

8. "十四五"时期是促进石油消费达峰的关键期

"十三五"时期，我国石油消费平均增速 4.46%，平均弹性约 0.7，2016～2019 年我国石油消费年均增幅为 4600 万吨标准煤（表 4-8），对一次能源增长贡献较大。

表 4-8　我国石油消费主要指标（2016～2025 年）

主要指标	"十三五"					"十四五"				
	2016年	2017年	2018年	2019年	2020年	2021年	2022年	2023年	2024年	2025年
实际 GDP/万亿元	81.88	87.53	93.39	99.09	100.08	106.08	112.18	118.35	124.57	130.79
实际 GDP 增速	6.80%	6.90%	6.70%	6.10%	1.00%	6.00%	5.75%	5.50%	5.25%	5.00%
实际 GDP 平均增速	6.62%					5.50%				
石油消费/亿吨标准煤	7.98	8.43	8.77	9.37	9.41	9.70	9.92	10.08	10.19	10.24
石油消费增速	1.42%	5.68%	4.00%	6.80%	0.50%	3.00%	2.30%	1.65%	1.05%	0.50%
石油消费平均增速	4.46%					1.70%				
弹性	0.21	0.82	0.60	1.11	0.50	0.50	0.40	0.30	0.20	0.10
平均弹性	0.67					0.31				

注：GDP 为 2019 年不变价。2019 年及以前数据来自国家统计局，2020 年及之后数据为预测数据；增速、平均增速数据根据原始数据（小数点保留位数较多）进行计算，且经过四舍五入约处理；平均增速计算公式为$[(1+增速\,1)\times(1+增速\,2)\times\cdots\times(1+增速\,k)]^{\frac{1}{k}}-1$

随着技术进步和制造业转型升级，石油利用效率逐步提高，加之我国人口增速放缓，对基本制造品的需求减弱，以及新能源交通迅速发展，成品油需求增长空间将压缩。此外，随着世界石油市场不确定性突出，面对我国高进口依存度客观现实，在能源安全战略统筹下，逐步减少国家对石油的依赖更为稳妥。在煤炭消费达峰情况下，推动石油消费逐渐达峰，将成为能源革命在"十四五"时期的又一项重要任务。

在上述背景下，预测"十四五"时期，我国石油消费增速持续放缓，依赖不断减弱。如图 4-22 所示，"十四五"时期石油消费年均增速较"十三五"时期降幅明显，年均增幅将不超过 2000 万吨标准煤，消费增速从 2021 年的 3.00% 下降至 2025 年的 0.50%，不断接近峰值水平。

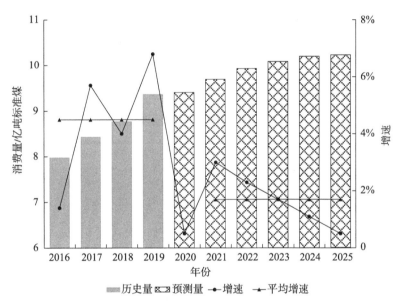

图 4-22　我国石油消费需求变化趋势（2016～2025 年）

从需求角度分析，我国石油主要用于化工行业和交通运输，二者用油占比超过 70%。"十四五"时期，随着供给侧结构性改革的深入推进，工业转型升级，削减过剩产能，加之能源包括石油利用率提高，通常而言，化工用油趋于稳定。在交通方面，新能源汽车等推广普及力度加大，缓解了汽油等成品油需求压力，石油消费增长空间进一步压缩。综合来看，我国石油消费于"十五五"初期达峰是大概率事件。

9. 天然气消费稳步快速上升

天然气是一种优质、高效、清洁低碳能源，与核能及可再生能源等其他低排放能源比较，天然气也是能源供应清洁化的现实选择。"十三五"时期，我国天然气消费平均增速超过 11%（表 4-9），占一次能源消费比重逐年上升，从 2016 年的 6% 上升到 2019 年的 8%，年均弹性近 1.8。预计 2021～2035 年，我国天然气市场仍将处于快速发展期。结合《能源生产和消费革命战略（2016—2030）》提出的 2030 年我国天然气占比达到 15% 的目标，保守估计，在"十四五"收官之年，天然气消费合理比重应不低于 11%。预测"十四五"时期，虽然总体能耗降低是大前提，但受政策倾斜等刺激，我国天然气消费将继续保持强劲增长势头。

表 4-9　我国天然气消费需求主要指标（2016～2025 年）

主要指标	"十三五"					"十四五"				
	2016 年	2017 年	2018 年	2019 年	2020 年	2021 年	2022 年	2023 年	2024 年	2025 年
实际 GDP/万亿元	81.88	87.53	93.39	99.09	100.08	106.08	112.18	118.35	124.57	130.79
实际 GDP 增速	6.80%	6.90%	6.70%	6.10%	1.00%	6.00%	5.75%	5.50%	5.25%	5.00%
实际 GDP 平均增速	6.62%					5.50%				
天然气消费/亿吨标准煤	2.79	3.14	3.62	3.93	3.99	4.37	4.76	5.15	5.55	5.94
天然气消费增速	10.01%	12.52%	15.27%	8.60%	1.50%	9.60%	8.91%	8.25%	7.61%	7.00%
天然气消费平均增速	11.57%					8.27%				
弹性	1.47	1.81	2.28	1.41	1.50	1.60	1.55	1.50	1.45	1.40
平均弹性	1.75					1.50				

注：GDP 为 2019 年不变价。2019 年及以前数据来自国家统计局，2020 年及之后数据为预测数据；增速、平均增速数据根据原始数据（小数点保留位数较多）进行计算，且经过四舍五入修约处理；平均增速计算公式为 $[(1+增速1)\times(1+增速2)\times\cdots\times(1+增速k)]^{\frac{1}{k}}-1$

"十四五"期间，在国民经济增速以及能耗放缓大背景下，天然气增速虽有所放缓，但仍将保持在高位。如图 4-23 所示，2021 年我国天然气消费近 4.4 亿吨标准煤，2023 年突破 5 亿吨标准煤大关，2025 年近 6 亿吨标准煤水平，占一次能源比重不断上升。"十四五"期间年均增速高于 8%，年均增幅近 4000 万吨标准煤，对一次能源消费增长贡献率达 40%，"十四五"末占一次能源消费比重超过 10%。

加大天然气在一次能源消费中的比重，是我国加快建设清洁低碳、安全高效现代能源体系的必由之路，也是化解环境约束、改善大气质量、实现绿色低碳发展的有效途径，同时对推动节能减排、稳增长、惠民生、促发展具有重要意义。就用气部门划分，我国天然气主要用于工业及居民日常生活消费等方面。在煤炭和石油消费份额不断下降的情况下，先进绿色制造业及现代服务业发展，必将拉动对工业天然气的直接需求。在居民日常生活用能方面，天然气作为取暖和炊事等的优质燃料，随着价格调整和基础设施建设完善，消费需求增长潜力将得到释放。更重要的是，在外部能源安全及生态环境约束下，考虑到我国沿线运输管网投产建设，安全系数提高，清洁便利，天然气将是替代煤炭和石油的更佳选择。天然气在未来较长一段时期是我国清洁低碳的现实路径和过渡选择。

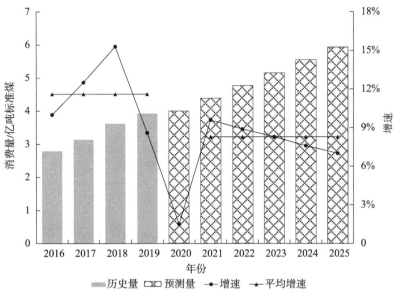

图 4-23　我国天然气消费需求变化趋势（2016～2025 年）

10. 一次电力消费地位愈加突出

随着能源供给结构持续优化，消费结构低碳清洁化，我国清洁电力消费需求增长迅速，占全国一次能源消费比重逐年攀升。如表 4-10 所示，"十三五"时期我国一次电力（风电、水电、核电）消费平均增速高于 GDP 增速，从 2016 年的近 6 亿吨标准煤，增长到 2019 年的近 7 亿吨标准煤，年均增幅大于 3500 万吨标准煤，平均需求弹性超过 1。2016 年，《能源生产和消费革命战略（2016—2030）》提出了 2030 年我国非化石能源占能源消费总量比重达 20%的目标，为一次电力发展指明了方向。结合新业态发展形势，随着一次电力综合开发技术进步和电能转换运输效率提高，用电成本下降，我国可再生能源发电提速，预测"十四五"时期对一次电力依赖程度进一步加强。

表 4-10　我国一次电力消费需求主要指标（2016～2025 年）

主要指标	"十三五"					"十四五"				
	2016年	2017年	2018年	2019年	2020年	2021年	2022年	2023年	2024年	2025年
实际 GDP/万亿元	81.88	87.53	93.39	99.09	100.08	106.08	112.18	118.35	124.57	130.79
实际 GDP 增速	6.80%	6.90%	6.70%	6.10%	1.00%	6.00%	5.75%	5.50%	5.25%	5.00%
实际 GDP 平均增速	6.62%					5.50%				
一次电力消费/亿吨标准煤	5.80	6.19	6.64	6.93	6.99	7.37	7.81	8.33	8.92	9.59
一次电力消费增速	11.48%	6.74%	7.20%	4.50%	0.80%	5.40%	6.04%	6.60%	7.09%	7.50%

续表

主要指标	"十三五"					"十四五"				
	2016年	2017年	2018年	2019年	2020年	2021年	2022年	2023年	2024年	2025年
一次电力消费平均增速	7.45%					6.52%				
弹性	1.69	0.98	1.07	0.74	0.80	0.90	1.05	1.20	1.35	1.50
平均弹性	1.13					1.19				

注：GDP 为 2019 年不变价。2019 年及以前数据来自国家统计局，2020 年及之后数据为预测数据；增速、平均增速数据根据原始数据（小数点保留位数较多）进行计算，且经过四舍五入修约处理；平均增速计算公式为 $[(1+增速\ 1)×(1+增速\ 2)×\cdots×(1+增速\ k)]^{\frac{1}{k}}-1$

如图 4-24 所示，"十四五"时期我国一次电力消费需求持续增长，受经济下行增速放缓影响，年均消费增速较"十三五"虽有所降低，但仍将超过 6%，年均增幅高于 5000 万吨标准煤，超过一次能源总量增幅 50%。2021 年，一次电力消费增长约 4000 万吨标准煤，2023 年突破 8 亿吨标准煤，2025 年将超过 9.5 亿吨标准煤，占全国一次能源消费总量近 15%，主体地位更加显著。

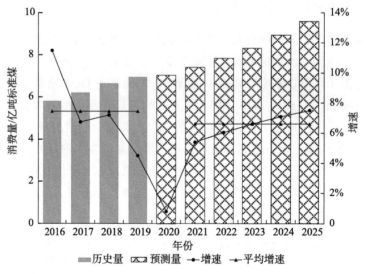

图 4-24　我国一次电力消费需求变化趋势（2016～2025 年）

11. 能源消费清洁化、低碳化结构进一步加强

随着新发展理念深入贯彻落实，产业结构转型升级加速，"十四五"时期我国经济发展对能源依赖继续减弱，一次能源消费换挡减速。根据前文分析，"十四五"期间，我国一次能源消费总量增幅大致保持 5 亿吨标准煤水平，低于"十三五"时期。其中传统能源需求渐趋饱和，清洁能源增长强劲，是新增量的主要来源。

如表 4-11 所示，煤炭消费将于 2024 年左右达峰；石油需求增量降幅明显，为下一步达峰做了充分准备；天然气和一次电力清洁能源增长迅速，占总增量的 90%。

表 4-11　我国一次能源主要品种消费量（2016～2025 年）(单位：亿吨标准煤)

主要品种	"十三五"					"十四五"				
	2016年	2017年	2018年	2019年	2020年	2021年	2022年	2023年	2024年	2025年
总量	43.58	44.85	46.40	48.60	48.84	49.99	51.05	52.03	52.93	53.75
煤炭	27.03	27.09	27.38	27.65	27.68	27.77	27.82	27.85	27.86	27.85
石油	7.98	8.43	8.77	9.37	9.41	9.70	9.92	10.08	10.19	10.24
天然气	2.79	3.14	3.62	3.93	3.99	4.37	4.76	5.15	5.55	5.94
一次电力	5.80	6.19	6.64	6.93	6.99	7.37	7.81	8.33	8.92	9.59
其中：化石能源	37.80	38.66	39.76	40.95	41.09	41.83	42.50	43.09	43.59	44.02
非化石能源	5.78	6.19	6.64	7.65	7.76	8.15	8.55	8.94	9.34	9.73
清洁能源	8.57	9.33	10.25	11.58	11.75	12.52	13.31	14.10	14.89	15.67

注：2019 年及以前数据来自国家统计局，2020 年及之后数据为预测数据。化石能源包括煤炭、石油、天然气，清洁能源包括天然气和非化石能源；总量数据根据原始数据（小数点保留位数较多）进行计算，且经过四舍五入修约处理

从消费结构角度看，能源清洁化、低碳化格局进一步加强。如图 4-25 所示，煤炭占比持续走低；石油消费份额基本保持稳定；天然气和一次电力消费比重稳步增长，其中一次电力涨幅更为显著。从另一个角度来看，化石能源占比继续下降，清洁能源占比快速提升。

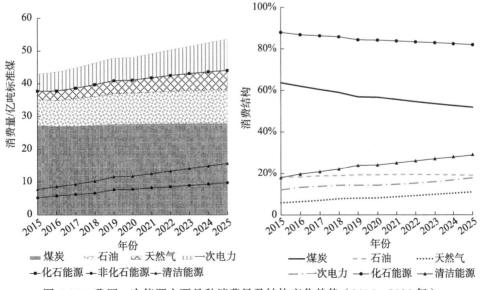

图 4-25　我国一次能源主要品种消费量及结构变化趋势（2015～2025 年）

2015 年，煤炭占我国一次能源消费比重近 64%，"十三五"时期下降约 7 个百分点，降至 2020 年的 56.7%，到 2025 年，将进一步下降至 51.8%，降幅近 5 个百分点；石油消费需求基本保持稳定，从 2015 年的 18.3%，上升至 2020 年的 19.3%，2025 年略微下降至 19.1%；天然气消费稳步上升，从 2015 年的 5.9%，上升至 2020 年的 8.2%，再上升至 2025 年的 11.1%；一次电力份额从 2015 年的 12.1%，上升至 2020 年的 14.3%，到 2025 年，这一比重将达到 17.8%（图 4-26）。总体而言，"十四五"时期呈现煤炭和其他能源对半开，油气电力升上来的"一挑三"格局不断加强。

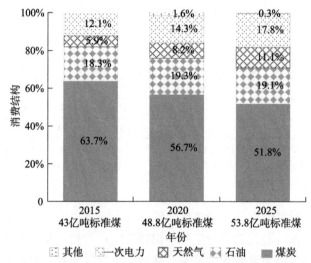

图 4-26　我国一次能源主要品种消费结构（2015 年、2020 年、2025 年）

此外，2016～2025 年，各主要能源品种消费随 GDP 变化趋势呈现出不同特点，消费份额变化差异更大。如图 4-27 所示，消费总量保持低速增长，以煤炭、

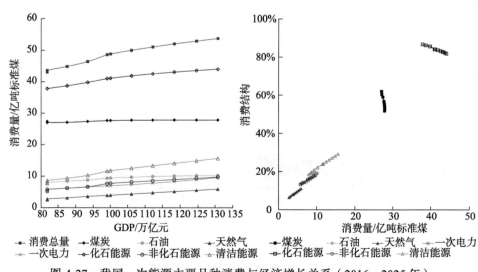

图 4-27　我国一次能源主要品种消费与经济增长关系（2016～2025 年）

石油为主要代表的化石能源增幅很小，而天然气和一次电力涨幅明显。从消费量和消费结构关系来看，化石能源体量虽大，但份额不断降低，清洁能源规模虽小，但消费份额持续提高。

4.4　我国"十四五"时期省级区域能源需求预测

我国地区经济社会发展不平衡，能源消费也不平衡。多数省级地区能源消费规模大，甚至大于很多国家的消费量。如果将各省经济体的能源消费量纳入全球排名，则山东、广东、河北、江苏的用能量排在全球前 15 位。

本节将地区–年份–部门能源消费的三维面板数据集合到同一模型中，在考虑部门间的关联性和差异性的基础上，对工业、交通、居民及其他部门能源消费轨迹进行集成研究。同理从能源消费品种结构角度出发，将地区 × 年份 × 品种的终端能源消费数据也纳入同一模型中，对煤炭、油气及电力的能源消费轨迹进行集成研究。

4.4.1　"十四五"时期省级区域能源需求预测模型设定

关于能源消费与经济发展关系的经验研究通常采用对数线性、对数二次项，甚至三次多项式的模型形式来验证两者的关系是否为倒"U"形或者倒"N"形。但能源消费与经济发展的关系存在不确定性，在不同的经济发展阶段呈现线性或者非线性的不同变化轨迹。在没有足够理论支持的情况下，直接将模型设定为某一固定的形式，实质上是主观先验地限定了两者之间的关系，这并不一定能准确刻画二者之间的关系（高亿萱，2016）。基于上述考虑，本节构建具有灵活性和自适应性的分段线性模型开展实证检验，不事先设定模型形式，而是先将自变量划分成一定量的段数，然后逐段回归，得到由不同斜率的线段组成的曲线。

考虑到不同部门间的关联性和差异性，本节使用地区–年份–部门三维数据，有助于捕捉和控制更细致化的固定效应。具体模型形式如式（4-1）所示：

$$\ln \text{EPC}_{i,s,t} = \alpha_{0,s} + \alpha_{i,s} + \mu_{s,t} + \rho \ln \text{EPC}_{i,s,(t-1)} + \beta_k f\left(\ln \text{GDPPC}_{i,t}\right) + \varepsilon_{i,s,t} \quad (4\text{-}1)$$

其中，i 表示地区；t 表示年份；s 表示部门行业（$s = 1$ 工业部门，2 交通部门，3 居民部门，4 其他部门）；$\text{EPC}_{i,s,t}$ 表示人均能源消费量；$\text{GDPPC}_{i,t}$ 表示人均地区生产总值；$\alpha_{0,s}$ 表示常数；$\alpha_{i,s}$ 表示 s 部门能源消费的时间固定效应，用来控制如国家能源政策和前沿技术进步等对所有地区一样但随时间变化的效应；$\mu_{s,t}$ 表示 s 部门能源消费的地区固定效应，用来控制未观察到的地区不变异质性；$\varepsilon_{i,s,t}$ 表示误差项；$f(\cdot)$ 表示分段线性函数；β_k 表示系数。本节通过加入时间固定效应和地区固定效应来减少缺少其他影响因素变量带来的影响。

同理将地区–年份–品种的三维面板数据集合于模型（4-2）中，具体模型形式如式（4-2）所示：

$$\ln \text{EPC}_{i,c,t} = \alpha_{0,c} + \alpha_{i,c} + \mu_{c,t} + \rho \ln \text{EPC}_{i,c,(t-1)} + \beta_k f\left(\ln \text{GDPPC}_{i,t}\right) + \varepsilon_{i,c,t} \quad (4\text{-}2)$$

其中，i 表示地区；t 表示年份；c 表示能源种类（$c=1$ 煤炭，2 油气，3 电力）；$\text{EPC}_{i,c,t}$ 表示人均能源消费量；$\text{GDPPC}_{i,t}$ 表示人均地区生产总值；$\alpha_{0,c}$ 表示常数；$\alpha_{i,c}$ 和 $\mu_{c,t}$ 分别表示 c 能源的时间固定效应和地区固定效应，用来控制未观察到的地区不变异质性。

4.4.2 "十四五"时期省级区域能源需求预测数据来源及处理

本节所使用的能源消费数据和经济发展数据为 2000～2018 年我国除西藏外的 30 个省级区域，数据来源为《中国统计年鉴》和《中国能源统计年鉴》。人均能源消费量的单位为"吨标准煤"，将各年份的名义地区生产总值换算成以 2015 年为基期的实际地区生产总值。对于个别地区个别年份缺失的能源消费数据采用插值法进行处理。具体各变量的描述性统计如表 4-12 所示。

表 4-12   各变量描述性统计

变量	单位	样本量/个	均值	标准差	最小值	最大值
人均地区生产总值（2015 年不变价）	万元	570	3.3	2.3	0.5	14.0
人均煤炭消费量	吨标准煤	566	1.0	0.6	0.1	3.7
人均油气消费量	吨标准煤	566	0.6	0.5	0.1	2.7
人均电力消费量	吨标准煤	566	0.4	0.3	0.0	1.9
人均工业部门消费量	吨标准煤	566	1.4	0.9	0.2	5.9
人均交通部门消费量	吨标准煤	566	0.3	0.2	0	1.2
人均居民部门消费量	吨标准煤	566	0.2	0.1	0	0.7
人均其他部门消费量	吨标准煤	566	0.2	0.1	0	0.8

在对各部门和各品种的能源消费进行预测前，首先需要对样本外的自变量值及其变化趋势进行预测假设，本节假设样本外的地区固定效应不变，并用时间趋势预测样本外的时间固定效应，以及设定最后一段收入的变化趋势在 2021～2025 年仍将持续。国内外很多组织和研究机构对我国在新冠疫情暴发期间和复工之后的 GDP 增速、人口增速进行了预测（如世界银行、IMF 等），但尚无对各省区市地区生产总值和人口的预测数据。为此，这里选用各省区市 2016～2019 年的地区生产总值年均增速对 2021～2025 年的经济发展水平进行预测。考虑到经济发展的不确定性，同时设置 3 个不同的情景：将 2016～2019 年的地区生产总值年均增速设置为基准情景；将年均增速上调 2 个百分点设置为高经济增长情景；将年均增速下调 2 个百分点设置为低经济增长情景。基于模型（4-1）、模型（4-2）的回归结果和上述假设，本节分别对三个不同情景下我国 30 个省级区域"十四五"期间

（2021～2025 年）分部门和分品种的能源消费量进行预测。

4.4.3　"十四五"时期省级区域能源需求预测主要结果

将人均地区生产总值（2015 年不变价）按等样本量划分成 10 段，通过回归求出各部门与各品种在不同收入区间内的收入弹性系数。对于不同部门，工业、交通、居民部门在各个收入区间内的弹性系数均高度显著，其他部门包括农业、批发零售业、住宿餐饮业等多个终端能耗部门，由于部门种类较多，且在相同的经济发展阶段能源消费情况存在很大差异，因此无法得出具有显著统计意义的回归结果。对于不同品种，各能源品种在整个收入区间都高度显著。基于上述考虑，本节将分析的重点放在工业、交通、居民三大耗能部门上，以及煤炭、油气、电力上。

1. 高收入地区已实现工业用能达峰，交通和居民部门成为用能增长主力

如表 4-13 所示，通过对比各部门的收入弹性发现，在收入较高的分段水平上，工业部门收入弹性连续出现了负值，除第 8 段外，交通部门的收入弹性均高于工业部门，除第 1、第 3 段外，居民部门的收入弹性均高于工业部门。这说明随着工业化逐步向中后期推进，高能耗的工业部门对能源的依赖逐渐减小，能耗增速减缓。随着人均收入的增加，居民部门和交通部门对能源消费的需求开始上升，能耗增速加快，收入弹性逐渐超越工业部门，成为未来能源消费增长的主要部门。需要特别注意的是，在第 9、第 10 段，工业部门的收入弹性均出现了负值，而交通部门和居民部门的收入弹性依然为正值，即在此阶段，工业部门的能源消费将呈下降趋势，交通部门和居民部门的能源消费还将继续上升。北京、上海、浙江等地区在 2015 年之后的人均地区生产总值均位于第 10 段，根据相应的各部门能源消费的收入弹性系数可知，对于这些高收入地区来说，随着其经济增长，工业用能将不断下降，工业部门已实现用能达峰。

表 4-13　各部门能源消费的收入弹性

人均地区生产总值	工业部门	交通部门	居民部门	其他部门
0～10 229 元	−0.042	0.304*	−0.182	0.458***
	（0.116）	（0.163）	（0.204）	（0.173）
10 229～13 608 元	0.088	0.486***	0.745***	0.417**
	（0.123）	（0.175）	（0.218）	（0.195）
13 608～17 324 元	−0.026	0.561***	−0.107	−0.196
	（0.144）	（0.205）	（0.257）	（0.215）
17 324～21 837 元	0.165	0.843***	0.414*	0.644***
	（0.141）	（0.208）	（0.250）	（0.212）
21 837～27 154 元	0.003	0.242	0.418	0.180
	（0.145）	（0.208）	（0.259）	（0.220）

续表

人均地区生产总值	工业部门	交通部门	居民部门	其他部门
27 154~32 750 元	0.036	0.636***	0.262	0.221
	（0.167）	（0.237）	（0.298）	（0.251）
32 750~39 020 元	−0.031	0.421*	0.153	0.053
	（0.176）	（0.253）	（0.309）	（0.263）
39 020~46 392 元	0.234	0.187	0.706**	0.018
	（0.175）	（0.244）	（0.313）	（0.263）
46 392~64 411 元	−0.092	0.355**	0.179	0.197
	（0.109）	（0.153）	（0.194）	（0.161）
>64 411 元	−0.002	0.526***	0.457**	0.211
	（0.112）	（0.162）	（0.205）	（0.171）

注：括号中数值为标准差；地区生产总值为 2015 年不变价
***表示在 1%显著水平上显著；**表示在 5%显著水平上显著；*表示在 10%显著水平上显著

2. 高收入地区的煤炭消费达峰，能源消费结构清洁化趋势强劲

如表 4-14 所示，通过对比各能源品种的收入弹性系数发现，油气的收入弹性全部高于煤炭，除第 2 段外，电力的收入弹性均高于煤炭，并且在第 9、第 10 段煤炭的弹性系数连续出现了负值，即随着经济的发展，煤炭消费量呈下降趋势。许多高收入地区已经实现了煤炭消费达峰，以天津市为例，天津市的人均地区生产总值在 2009 年从第 8 段跃升至第 9 段，并在 2014 年跃升至第 10 段，自 2009 年后，天津的煤炭消费量不断下降。随着我国产业结构的不断优化、工业体系不断完善、节能技术的广泛应用及应对全球气候变化各项措施的实施，经济发展对高污染、高排放的煤炭依赖程度逐渐降低，而对电力、天然气等清洁能源的需求逐渐增加。因此，电力和油气的收入弹性逐渐超过煤炭，且将成为未来我国主要的能源消费品种。随着收入水平的提升，我国各省区市的能源消费结构将进一步优化。

表 4-14　各品种能源消费的收入弹性

人均地区生产总值	煤炭	油气	电力
0~10 229 元	−0.084	0.338***	0.269
	（0.132）	（0.131）	（0.223）
10 229~13 608 元	0.262*	0.464***	0.244
	（0.141）	（0.141）	（0.238）
13 608~17 324 元	−0.194	0.311*	0.897***
	（0.164）	（0.161）	（0.277）
17 324~21 837 元	0.290*	0.677***	0.576**
	（0.160）	（0.162）	（0.275）

人均地区生产总值	煤炭	油气	电力
21 837～27 154 元	0.075	0.164	0.628**
	（0.167）	（0.163）	（0.279）
27 154～32 750 元	0.099	0.481**	0.639**
	（0.191）	（0.187）	（0.323）
32 750～39 020 元	−0.092	0.299	0.511
	（0.200）	（0.196）	（0.339）
39 020～46 392 元	0.076	0.480**	0.783**
	（0.199）	（0.195）	（0.337）
46 392～64 411 元	−0.042	0.315***	0.239
	（0.123）	（0.122）	（0.209）
>64 411 元	−0.194	0.319**	0.472**
	（0.127）	（0.126）	（0.217）

注：括号中数值为标准差。人均地区生产总值为 2015 年不变价

***表示在 1%显著水平上显著；**表示在 5%显著水平上显著；*表示在 10%显著水平上显著

3. 高收入地区人均煤炭达峰早、峰值低，低收入地区煤炭达峰晚、峰值高

在基准情景下，大多数地区都在"十四五"期间实现了煤炭达峰，但达峰时间与峰值差异较大，北京、上海等高收入地区在"十四五"期间煤炭消费量持续下降，在此之前已经达到煤炭峰值，而云南等低收入地区的达峰时间较为靠后，峰值也相对高收入地区更高。"十四五"期间各地区煤炭达峰呈高收入地区达峰早、峰值低，低收入地区达峰晚、峰值高的格局。

低收入地区的经济发展值得更多的关注。达峰时间更晚、峰值更高意味着低收入地区的累计碳排放量会更高，由表 4-14 中煤炭需求在不同收入水平的收入弹性可知，收入水平达到一定水平才会出现煤炭需求的下降，而且在达峰后收入水平越高煤炭需求下降越快，因此继续大力提高经济发展水平是促进低收入地区碳排放早达峰的有效途径。

4. 油气比重增大，能源结构清洁化程度普遍提升

在"十四五"期间，所有地区的煤炭消费占总消费量的比重都呈下降趋势，绝大部分地区的油气消费占总消费量的比重呈上升趋势，所有地区的电力消费占总消费量的比重都呈上升趋势，即所有地区的能源结构清洁化程度都得到了改善，但幅度各异。与 2021 年相比，2025 年各地区煤炭占比平均下降 6.7%，油气占比平均上升 2%，电力占比平均上升 5%。

江苏、黑龙江、新疆、河北、江西、内蒙古、山东等 10 个地区的煤炭消费占

比下降幅度在 8%以上，其中宁夏是下降幅度最大的地区，降幅为 10%，浙江、上海、广东、北京等 6 个地区的降幅在 5%以下，其中北京下降幅度最小，仅有 1.5%。如图 4-28 所示，虽然宁夏、新疆、内蒙古这些欠发达地区的用能结构改善幅度比北京、上海、浙江等发达地区更大，但发达地区的能源结构清洁化程度依然优于欠发达地区。

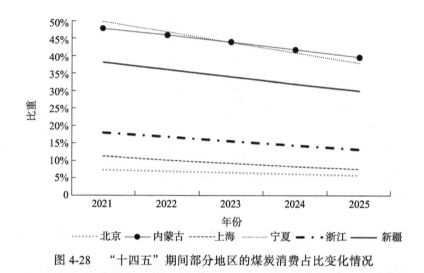

图 4-28 "十四五"期间部分地区的煤炭消费占比变化情况

在"十四五"期间，油气有望取代煤炭成为第一大能源。福建、河南、黑龙江、山东等 14 个地区出现了油气占比高于煤炭的情况，其中北京、上海、天津、广东、海南有些年份的油气占比甚至超过了 50%。

5. 高收入地区人均电力需求高、增速慢，低收入地区人均电力需求低、增速快

各地区的人均电力消费量在"十四五"期间呈上升趋势，但不同地区的人均电力消费水平和增速存在较大的差异，如图 4-29 所示，上海、广东等高收入地区在"十四五"期间电力消费水平更高、电力需求增速更慢，而云南、贵州等低收入地区虽然电力消费水平较低，但电力需求增长更快，我国各地区电力需求呈现出高收入地区人均电力需求高、增速慢，低收入地区人均电力需求低、增速快的格局，这种格局有利于缩小高收入地区和低收入地区之间的电力消费水平差异，以上海和云南为例，在 2018 年，上海、云南的人均电力消费量分别约为 0.8 吨标准煤和 0.4 吨标准煤，到基准情景下的 2025 年时，上海和云南人均电力消费量分别有约 1.2 吨标准煤/人和 0.8 吨标准煤，上海在 2021~2025 年的人均电力消费量年均增速为 4%，低于云南的 6%，2018 年上海的人均电力消费量是云南的 2 倍，到 2025 年时则下降到了 1.5 倍。

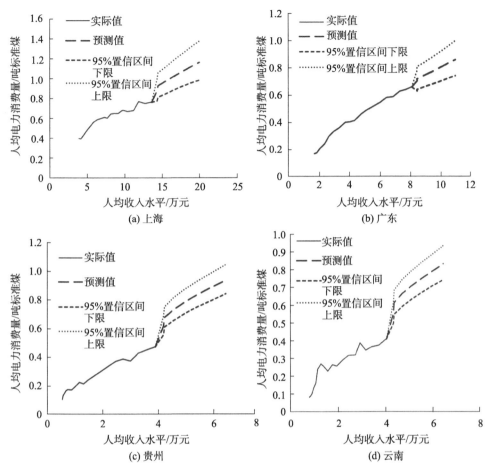

图 4-29　基准情景下 2000～2025 年部分地区的人均电力消费量

注：人均收入水平以 2015 年不变价计算

6. 工业用能比重持续降低，居民部门将成为增长的主要动力

由图 4-30 和图 4-31 可知，在 2021～2025 年，居民用能年均增幅和增速普遍高于交通部门，且对于相近的收入水平，各地区居民用能的年均增速和增幅的异质性更强。居民部门是"十四五"期间用能占比增幅最大的部门，在 2025 年，有重庆、青海、贵州、云南、内蒙古等 8 个地区的居民部门用能占比比 2021 年增加了 1.5%以上，交通部门的用能占比增幅仅次于居民部门。对于居民部门来说，欠发达地区的用能占比增幅排名都较为靠前，如青海是居民部门用能占比增幅第二大的地区，其居民部门用能占比从 2021 年的 11%增加到了 2025 年的 14%，而对交通部门来说，排在用能增幅前列的则以上海、江苏、浙江等发达地区为主。

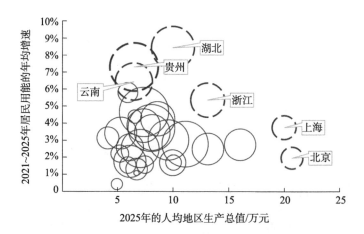

图 4-30　2021～2025 年各地区居民用能变化情况

注：气泡的大小表示增量，即 2025 年与 2021 年的居民用能差值；虚线气泡为代表性地区；人均地区生产总值以 2015 年不变价计算

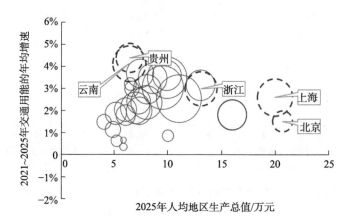

图 4-31　2021～2025 年各地区交通用能变化情况

注：气泡的大小表示增量，即 2025 年与 2021 年的交通用能差值；虚线气泡为代表性地区；人均地区生产总值以 2015 年不变价计算

　　在"十四五"期间，绝大多数地区的工业部门用能占总用能的比重均呈下降趋势，绝大多数地区的交通部门用能呈上升趋势，所有地区的居民部门用能占比呈上升趋势。与 2021 年相比，2025 年各地区工业部门用能占比平均下降了 2.4%，交通部门用能占比平均上升了 1%，居民部门用能占比平均上升了 1.2%。随着"十四五"期间产业结构的优化、工业用能技术的改进，工业部门的用能占比不断下降，而新能源汽车的发展和居民生活水平的提高，又将拉动交通部门和居民部门的用能需求持续增长。随着生活水平的不断提高和用电部门的结构调整，居民部门将成为中国全部门用电量在未来增长的主要动力。

7. 各地区能源强度呈下降趋势，高收入地区能源效率提升更快

在"十四五"期间，所有地区的能源强度都呈下降趋势，高收入地区的能源强度下降速率高于低收入地区，如图4-32所示，2025年，浙江的能源强度比2021年下降了13%，但甘肃只比2021年下降了5%。各省在2021～2025年的年均能源强度下降速率约为3%。

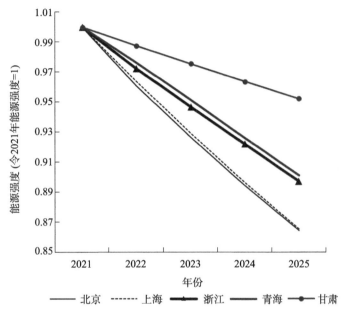

图4-32 2021～2025年部分地区能源强度变化情况
注：地区生产总值采用2015年不变价

4.5 我国中长期能源消费预测研究

面向我国2060年前实现碳中和目标的重大战略需求，本节构建国家能源技术（National Energy Technology，NET）模型，预测中长期不同社会经济发展情景下的能源消费规模和结构。

4.5.1 国家能源技术模型构建

利用北京理工大学能源与环境政策研究中心自主构建的自下而上的中国气候变化综合评估模型/国家能源技术（China's Climate Change Integrated Assessment Model/National Energy Technology，C³IAM/NET）模型，模拟能源供给—加工转化—运输配送—终端使用—末端治理的全过程。在统筹考虑后新冠疫情时代的经济发展水平、能源系统的低碳转型力度、CCUS技术的部署规模以及森林碳汇可用量等多方面不确定性的基础上，探索实现碳中和目标的能源消费结构、全国及行业碳排放路径等，技术路线如图 4-33 所示。C³IAM/NET 模型目前涵盖一次能源供应、电力、热力、钢铁、水泥、化工（多种产品）、有色金属、造纸、建筑（居民和商业建筑）、交通（客运和货运）、其他工业等 20 余个细分行业。

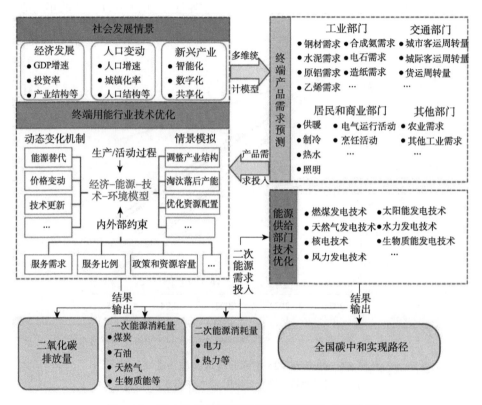

图 4-33　碳中和目标下的能源消费预测技术路线图

由于能源消费主要受全社会终端产品和服务的消费需求，以及技术效率和资源供给的影响，因此，C³IAM/NET 模型首先在综合考虑经济发展、产业升级、城镇化加快、智能化普及等社会经济形态变化的基础上，对各个终端用能行业（包括一次能源供应、电力、热力、钢铁、水泥、化工、有色金属、造纸、建筑、交通、其他工业等 20 个细分行业）的产品和服务需求进行预测；进一步从技术视角，模拟各终端行业生产工艺过程或消费过程中 600 余类详细技术的能源流和物质流，引入技术升级、燃料替代、成本下降等变化趋势和政策要求，提出各行业以经济最优方式实现其产品或服务供给目标的技术发展路径，最终预测支撑全行业生产和运行所需投入的分品种能源消费量（余碧莹等，2021；Zhao et al.，2021）。

C³IAM/NET 模型包括三个模块（数据模块、绿色政策模块和输出模块）和两个子模型（产品和服务需求预测模型、技术–能源–环境模型）（魏一鸣等，2018）。

如图 4-34 所示，其中，数据模块是模型的基础，为模型提供了必要的社会经济、技术和政策数据。将这些数据输入产品和服务需求预测模型中，用来预测各部门对产品或能源服务的未来需求。

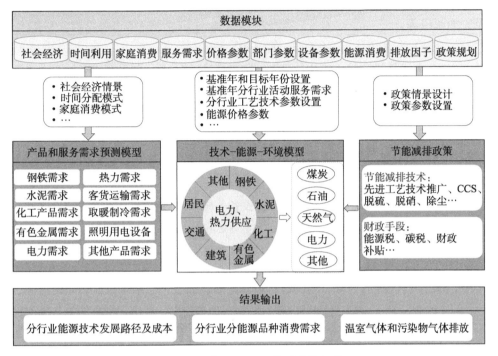

图 4-34　C³IAM/NET 模型整体架构

注：CCS 表示 carbon capture and storage（二氧化碳捕获与封存）

绿色政策模块可以将技术和经济方面的具体政策量化为适合模型的参数。技术–能源–环境模型是 C³IAM/NET 模型的核心，模拟了生产和消费过程中的物质流和能源流，在产品和服务需求、排放、能源供应和能源效率等的约束下，以总成本最小化为目标，优化得到各行业的最佳技术发展路径，并输出相应的成本以及能源消耗量和排放量（余碧莹等，2021）。

对各终端行业，包括一次能源供应（Tang et al.，2018，2019a，2020）、钢铁（An et al.，2018）、水泥（Zhang et al.，2021）、建筑（Tang et al.，2021a，2021b）、交通（Li and Yu，2019；Tang et al.，2019b）、化工（Chen et al.，2018）、造纸（易兰丽君，2020）、有色金属（张帅，2020）、其他工业（王康康，2020；余碧莹等，2021），分别构建反映该行业工艺过程和决策机理的 C³IAM/NET 子模型，并汇总各终端行业的用电和用热总需求，进而对电力和热力行业进行技术优化布局，最终获得满足终端行业用电和用热需求的电力、热力行业能源消耗，最后得到全社会的能源总需求。

1. 目标函数

目标函数的设置原则是各行业年化总成本最小。这里总成本包括三个部分：设备的年均投资成本、设备的运行维护成本（包含燃料成本）以及附加的碳排放税、能源税等。

$$TC_t = IC_t + RC_t + EC_t \tag{4-3}$$

其中，TC_t 表示折算到第 t 年的总成本；IC_t 表示折算到第 t 年的设备 l 的初始投资成本；RC_t 表示第 t 年的运行成本；EC_t 表示第 t 年的能源税和碳排放税。

$$IC_t = \sum_l C_l \cdot (1 - SIC_l) \cdot \frac{a(1+a)^{T_l}}{(1+a)^{T_l} - 1} \tag{4-4}$$

其中，C_l 表示设备 l 的初始投资成本；SIC_l 表示设备 l 初始投资的补贴率；a 表示行业的内部收益率；T_l 表示设备 l 的寿命期。

设备在第 t 年的运行成本主要包括设备的维修管理成本、能源的购置成本。函数同时考虑了未来能效的改进和政府可实施的补贴。

$$RC_t = \sum_l \left(OC_l + \sum_k P_{t,k} \cdot E_{k,l} \cdot (1 - \eta_l) \right) \cdot (1 - SRC_l) \cdot X_l \tag{4-5}$$

其中，OC_l 表示设备 l 在第 t 年的运行成本（非能源使用包括维修、管理费用等）；$P_{t,k}$ 表示能源品种 k 在第 t 年的能源价格；$E_{k,l}$ 表示设备 l 在第 t 年消耗 k 品种能源的量；η_l 表示设备 l 的能效改进率；SRC_l 表示设备 l 的补贴率；X_l 表示设备 l 的运行数量。

征收能源税和碳排放税旨在提高化石能源和气体排放的环境成本，根据设备 l 需要的能耗和排放的气体，设定不同的能源税和碳排放税，同时考虑设备不完全燃烧的损耗率。

$$EC_t = \sum_l \sum_k \left(\sum_g \left(\lambda_g \cdot X_l \cdot \left(e_{g,l}^0 + e_{g,l}^k \cdot E_{k,l} \cdot (1 - \eta_l) \cdot \delta_l^k \right) \right) + \left(\lambda_k \cdot E_{k,l} \cdot (1 - \eta_l) \cdot X_l \right) \right) \tag{4-6}$$

其中，λ_g 表示气体 g 的碳排放税；λ_k 表示能源 k 的能源税；$e_{g,l}^0$ 表示单位设备 l 在第 t 年由于非能源消耗（过程排放）排放 g 气体的量；$e_{g,l}^k$ 表示设备 l 在第 t 年由于能源消耗产生 g 气体的排放系数；δ_l^k 表示设备 l 在第 t 年时考虑能源 k 不充分燃烧的燃烧率。

2. 模型部分约束条件

（1）需求约束：模型的结果均需建立在满足未来产品和服务需求的基础上。

$$\sum_l X_{t,l} \cdot O_{t,l} \cdot (1 + \varepsilon) \geqslant D_t \tag{4-7}$$

其中，$O_{t,l}$ 表示设备 l 在第 t 年单位运行的产品产出；ε 表示服务效率的改进；D_t 表示产品在第 t 年的服务需求量。

（2）能源消费约束：行业的能源消费需考虑不同能源品种的最大、最小供应限制或政策约束。

$$E_{\min}^{k} \leqslant \sum_{l} E_{k,l} \cdot (1-\eta_l) \cdot X_l \leqslant E_{\max}^{k} \qquad (4\text{-}8)$$

其中，$E_{\max}^{k}$ 表示第 k 种能源的最大消费或供应限制；$E_{\min}^{k}$ 表示第 k 种能源的最小消费或供应限制。

（3）排放约束：考虑国家碳中和目标约束，2060 年全行业化石燃料燃烧排放和过程排放总和小于等于碳汇吸收量。

$$\sum_{l} E_{k,l} \cdot e_{g,l}^{k} \cdot X_l \leqslant \mathrm{CC}_t \qquad (4\text{-}9)$$

其中，CC_t 表示第 t 年碳汇最大吸收量。

（4）中间生产过程产品间的转换约束：上一过程中间产品作为原料（或能源）投入下一阶段，则下一阶段的原料（或能源）应小于上一阶段中间产品的生产量。

$$\sum_{l} X_{l,s} \cdot O_{l,s} \cdot (1+\varepsilon_s) \geqslant \sum_{l'} \sum_{k} M_{k,l'} \cdot (1-\beta_{l'}) \cdot X_{l'} \qquad (4\text{-}10)$$

其中，s 表示中间产品；l' 表示消耗中间产品 s 的设备；$M_{k,l'}$ 表示在下一阶段单位设备 l' 消耗上一阶段的原料（能源）；$\beta_{l'}$ 表示设备 l' 的投入原料（能源）的改进率。

（5）新增设备约束：当年新增的设备 l 的数量满足新增限制。

$$\omega_l^{\min} \leqslant n_l \leqslant \omega_l^{\max} \qquad (4\text{-}11)$$

其中，n_l 表示设备 l 的新增量；$\omega_l^{\max}$ 表示设备 l 新增的最大数量限制；$\omega_l^{\min}$ 表示设备 l 新增的最小数量限制；设备 l 满足当年新增率的约束。

$$(1+\gamma_l^{\min}) \cdot \overline{n_l} \leqslant n_l \leqslant (1+\gamma_l^{\max}) \cdot \overline{n_l} \qquad (4\text{-}12)$$

其中，$\overline{n_l}$ 表示上一年设备 l 的新增数量；$\gamma_l^{\max}$ 表示设备 l 当年最大新增率；$\gamma_l^{\min}$ 表示设备 l 当年最小新增率。

（6）设备库存约束：当年设备 l 的库存满足库存限制，如淘汰落后产能，当年要求淘汰的设备必须完成淘汰任务。

$$\psi_l^{\min} \leqslant S_l \leqslant \psi_l^{\max} \qquad (4\text{-}13)$$

其中，S_l 表示设备 l 的库存量；$\psi_l^{\max}$ 表示设备 l 库存量的最大限制；$\psi_l^{\min}$ 表示设备 l 库存量的最小限制。

4.5.2 情景设置与参数假设

C³IAM/NET 模型中，各个行业通过对未来的社会、经济、技术、行为、成本、能源效率、排放因子等多方面参数进行预估和判定，设置不同的参数情景，进而通过模型优化得到各个行业的技术路径和能耗排放情况。下面重点介绍各个行业的共性参数假设。

1. 宏观社会发展情景及参数设定

1）经济增长

本节综合有关专家和机构数据判断了中国未来的经济增长速度（表 4-15）。按照表 4-15 所示的 GDP 增长速度，相比于 2020 年，中国 GDP 将在 2035 年实现翻番，并于 2060 年实现再翻番。具体而言，中国人均 GDP 将由 1.6 万国际元增至 2035 年的 3.5 万国际元，以及 2060 年的 7.8 万国际元（按世界银行 2017 年购买力平价计）。与发达国家对比可知，人均 GDP 3.5 万国际元相当于美国 1984 年、英国 1997 年、日本 1996 年的人均 GDP 水平。人均 GDP 7.8 万国际元大约相当于美国 2035～2040 年的人均 GDP 水平（按趋势外推法计算）。

表 4-15　GDP 增速预测

指标	2022～2025年	2026～2030年	2031～2035年	2036～2040年	2041～2050年	2051～2060年
GDP 年均增速	5.6%	5.5%	4.5%	4.5%	3.4%	2.4%

资料来源：综合有关专家和机构数据形成的判断

2）城镇化与人口

对城市化率和人口数据参考联合国数据进行预测。其中，人口数据根据第七次全国人口普查进行微幅校正，暂未考虑人口政策调整的影响；2051～2060 年的城镇化率采用趋势外推法计算（联合国无该时段数据），预测结果如表 4-16 和图 4-35 所示。中国预计 2030 年人口达峰，峰值为 14.4 亿人，2060 年降至 13.1 亿人；城镇化率持续提升，将在 2030 年超过 70%（预计为 72.6%），2050 年超过 80%（预计为 81.0%），并于 2060 年增至 84.2%。2018 年高收入国家城镇化率为 81%，美国城镇化率为 83%，中国城镇化率将于 2050～2060 年达到高收入国家水平。

表 4-16　人口及城镇化率预测

指标	2025 年	2030 年	2035 年	2040 年	2045 年	2050 年	2055 年	2060 年
人口/亿人	14.3	14.4	14.3	14.2	14.0	13.8	13.4	13.1
城镇化率	68.7%	72.6%	75.6%	77.9%	79.5%	81.0%	82.6%	84.2%

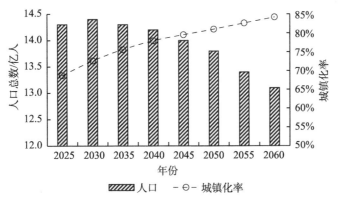

图 4-35　人口及城镇化率预测

3）产业结构

在产业结构方面，参照《中国能源报告（2018）》中常规发展情形（魏一鸣等，2018），并根据 2020 年实际的产业结构数据进行调整更新。

如图 4-36 所示，预测结果显示，第二产业增加值占 GDP 比重将逐步下降，分别在 2030 年、2045 年、2060 年下降至 34.6%、28.5%、25.9%；第三产业增加值比重逐步提升，分别在 2030 年、2045 年、2060 年提升至 61.1%、70.4%、73%。

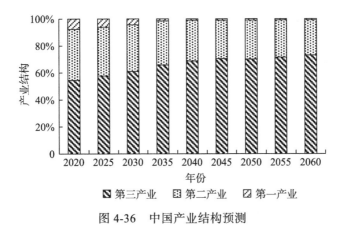

图 4-36　中国产业结构预测

4）主要用能行业发展指标

根据上述经济增长、城镇化与人口、产业结构的预测结果，采用计量经济学、动态物质流等方法，对我国主要用能行业的发展指标进行预测：其中，工业产品预测时考虑生产流程转变、落后产能淘汰、能源结构调整等因素；交通周转量预测主要结合新能源车推广、运输结构优化、电子商务发展等因素；建筑能源服务需求预测时考虑收入水平提高、数字化推进、老龄化加剧等因素。预测结果如表 4-17 所示。

表 4-17 我国主要用能行业发展指标

行业	产品和需求种类	单位	2030 年	2060 年
钢铁	钢产量	亿吨	11.0	6.3
铝	铝产量	万吨	4020	1500
水泥	水泥产量	亿吨	18.1	8.2
乙烯	乙烯产量	百万吨	33.4	69.2
客运	城市客运周转量	万亿人公里	10.7	15.9
货运	货运周转量	万亿吨公里	24.4	41.3
居民	供暖、制冷、热水、照明、电器运行、烹饪	亿吨标准煤	9.8	12.9
商业	供暖、制冷、热水、照明、电器运行	亿吨标准煤	8.5	15.7

2019 年 OECD 国家人口约 13.1 亿，粗钢产量约 5 亿吨，水泥产量约 4 亿吨，铝产量约 1000 万吨，居民用能 10 亿吨标准煤（热当量法），商业和公共服务用能 7 亿吨标准煤（热当量法），2030 年中国主要用能行业发展指标将整体上超过 OECD 国家 2019 年的水平。与 2030 年相比，2060 年中国主要用能行业中钢铁、铝和水泥的产量需求将大幅下降，分别为 2030 年的 57.3%、37.3% 和 45.3%。

2. 情景设定

碳汇在实现碳中和过程中具有巨大的潜力空间，同时也具有较大不确定性。根据 2060 年碳汇量对能源系统转型力度和 CCS 部署规模设置如下情景。

情景一（高线情景）：假设 2060 年碳汇量达到 30 亿吨，能源系统进行低碳转型以实现大规模的碳减排，各行业相关的低碳技术进行普及应用，CCUS 等固碳技术获得小规模的推广。

情景二（中线情景）：假设 2060 年碳汇量达到 20 亿吨，能源系统低碳转型力度进一步加大，各行业低碳技术的普及比例进一步提高，CCUS 等固碳技术推广力度进一步加大。

情景三（低线情景）：假设 2060 年碳汇量达到 10 亿吨，能源系统需要进行更加深刻的变革，各行业低碳技术的普及应用需要达到较高的比例，CCUS 等固碳技术获得较大规模推广。

3. 重点行业技术和情景

本节使用的 C³IAM/NET 模型涵盖的用能行业包括一次能源供应、电力、热力、钢铁、水泥、化工、有色金属、造纸、建筑、交通、其他工业等 20 余个细分行业，以及终端行业生产工艺过程或消费过程中的 600 余类详细技术。现将模型中涵盖的重点行业的主要技术种类以及情景描述列举如表 4-18 所示。表 4-18 仅对高线情景和低线情景进行了描述，中线情景的设置介于高线情景和低线情景之间。

表 4-18　重点行业技术和情景

行业	技术种类	情景设置
电力	不可再生能源发电：亚临界发电、超临界发电、超超临界发电、整体煤气化联合循环发电、天然气发电、核电； 可再生能源发电：风力发电、太阳能发电、水力发电、生物质能发电	高线情景：落后 SUBC 煤电机组至少在 2060 年前全部退出，CCUS 发展缓慢； 低线情景：可再生电力以每十年 15% 的高比例增加，CCUS 从 2030 年开始大规模发展
钢铁	长流程：炼焦、烧结、球团、高炉炼铁、转炉炼钢； 短流程：不同规模的电弧炉； 连铸连轧过程：连铸、热轧、冷轧； 非高炉炼铁：熔融还原、直接还原、富氢气基竖炉、高炉富氢还原铁； 节能技术：高炉喷煤、干熄焦余热回收利用等	高线情景：淘汰小型的高炉、转炉和电弧炉等设备，大型和国际先进的传统设备比例提升； 低线情景：加快发展电弧炉和氢能炼钢项目；同时加快焦炉 CCUS 和高炉–转炉 CCUS 的应用
水泥	原料准备：原料开采破碎、原料预均化； 生料制备：生料粉磨（球磨、立磨和辊压）、生料均化； 熟料煅烧及冷却：预热分解、熟料煅烧（不同规模干法窑）、熟料冷却； 水泥生产：水泥粉磨、细分生产	高线情景：加强先进技术和改进技术（如预烧成窑技术）普及率； 低线情景：提高新型水泥技术（熟料配比较低）应用占比、加强生产新型水泥、发展 CCUS 技术
化工	乙烯生产：蒸汽裂解、煤制烯烃、外购甲醇制烯烃； 合成氨生产：煤制合成氨、天然气制合成氨、低碳氢气制氨； 电石生产：原料生产、电石制备； 甲醇生产：煤制甲醇、天然气制甲醇、焦炉煤气制甲醇、生物质制甲醇、基于 CO_2 的甲醇生产	高线情景：使用生物质制甲醇技术、基于低碳氢气的合成氨生产技术以及基于 CO_2 利用的甲醇生产技术； 低线情景：进一步提高 CCUS、基于生物质利用、低碳氢气和 CO_2 利用的技术份额
建筑	取暖：用煤锅炉、用油锅炉、天然气锅炉、用电锅炉、生物质锅炉、集中供热； 制冷：空调制冷（不同能效等级）； 炊事：用煤炊事、天然气炊事、生物质炊事、用电炊事； 照明：白炽灯、荧光灯、煤油灯、LED； 热水：区分不同用能设备； 家用电器使用：冰箱、电视等	高线情景：考虑现有建筑部门减排政策、未来电气化水平提升、低能效设备的淘汰； 低线情景：积极推进电气化、设备效率全面提升、生物质能源快速渗透、全面普及高能效终端设备、加快数字化水平
交通	客运：公交车、出租车、地铁、私家车、摩托车及铁路、水路和航空客运； 货运：不同用能方式的卡车、铁路电机车、内河 LNG 船舶、沿海 LNG 船舶、重油船舶、燃油飞机、氢燃料飞机等	高线情景：优化交通运输结构，按照"公转铁""公转水"等趋势发展； 低线情景：提高电动车、网约车比重、提高能源效率、推进燃料替代

4.5.3　能源消费预测结果

　　碳中和愿景带来的变革将对能源生产、需求和排放产生深刻的影响。在上述高线情景、中线情景和低线情景设定的基础上，结合成本最小化 C³IAM/NET 模型的优化结果，对中国碳中和的时间以及达峰量进行预测研究，并基于此分析碳中和过程中的一次能源消费、能源排放强度、能源消费结构及碳排放路径。

在碳中和的愿景下，未来能源生产将主要来自可再生能源，能源消费的核算方式和方法有待进一步研究，本节采用两种方法进行能源消费核算，既遵循中国能源消费核算方法惯例使用发电煤耗法进行能源消费量核算，又采用国际通用的电热当量法进行能源消费量核算。

1. 能源消费（发电煤耗法）

1）一次能源消费

不同情景下，随着电气化的推进、设备技术效率的提升及低碳技术、生物质能、氢能、CCUS 等先进技术的推广，全国能源消费需求也呈现不同的发展趋势，如图 4-37 所示。总的来看，全国能源消费（发电煤耗法）要力争在 2030～2035 年达峰，峰值控制在 64 亿～67 亿吨标准煤。具体而言，高线情景下，中国一次能源消费量在 2035 年不超过 67 亿吨标准煤，之后开始下降，于 2060 年降至 52 亿吨标准煤左右。中线情景和低线情景全国一次能源消费量的达峰年份同样应控制在 2035 年以前，其中，中线情景峰值需进一步降低至 66 亿吨标准煤，较高线

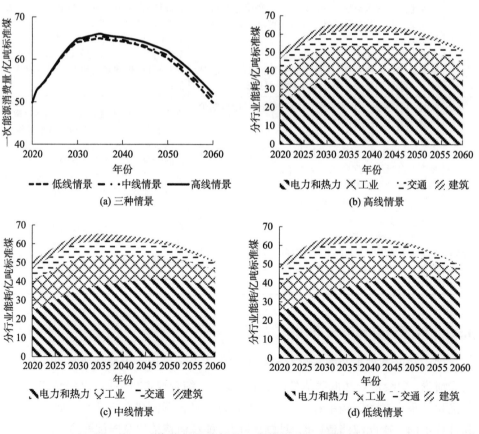

图 4-37　一次能耗及分行业一次能耗（发电煤耗法）

情景减少 0.5 亿吨标准煤，随后开始有序下降，并在 2060 年下降到 51 亿吨标准煤以下。低线情景能源消费总量峰值不超过 65 亿吨标准煤，较高线情景、中线情景分别减少 1.1 亿吨标准煤、0.6 亿吨标准煤，并于 2060 年降低至 50 亿吨标准煤左右，2035～2060 年年均下降率需达到 1.05%。从分行业一次能耗结果（图 4-37）来看，电力和热力行业是主要耗能部门。

2）人均能耗

从人均能耗（发电煤耗法）来看（图 4-38），不同情景下，人均能耗需减速增长后开始平稳下降，人均能耗 2020 年为 3.53 吨标准煤，2035 年不超过 4.54 吨标准煤（低线情景）、4.58 吨标准煤（中线情景）、4.61 吨标准煤（高线情景），并在 2060 年进一步下降至 3.80 吨标准煤（低线情景）、3.87 吨标准煤（中线情景）、3.96 吨标准煤（高线情景）。

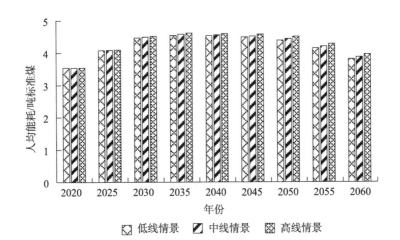

图 4-38　不同情景下人均能耗（发电煤耗法）

3）一次能源消费结构

从能源结构（发电煤耗法）来看（图 4-39），不同情景下，非化石能源在一次能源结构中的比重均需要得到显著提高，天然气的占比呈现出先增长后微幅下降的趋势，煤炭和油品比重不断下降。三个情景中，非化石能源的比重在 2025 年至少分别达到 21.1%（低线情景）、20.9%（中线情景）、20.5%（高线情景），到 2060 年则分别需要进一步提高至 80.4%（低线情景）、69.8%（中线情景）、61.2%（高线情景）。2030 年三种情景下，清洁能源天然气的消费比重应由 2020 年的约 8.6% 提升至 11.5% 左右；2060 年，高线情景下天然气消费比重提升至 13% 左右，中线情景和低线情景下由于可再生能源的高比例应用，天然气消费占比将分别回落至 10% 和 7% 左右。

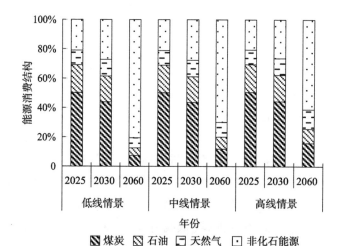

图 4-39   不同情景下一次能源消费结构对比

2. 能源消费（电热当量法）

1）一次能源消费

采用电热当量法进行能源消费核算，全国能源消费应力争在 2030～2035 年达峰（图 4-40），峰值需保持在 55 亿～57 亿吨标准煤范围内，到 2060 年一次能源消费量应分别降低至 33.8 亿吨标准煤（低线情景）、36.9 亿吨标准煤（中线情景）和 39.1 亿吨标准煤（高线情景），2030～2060 年的年均下降率需达到 1.6%（低线情景）、1.3%（中线情景）和 1.2%（高线情景）。分部门来看，电力和热力及工业部门是能耗的主要部门。

2）人均能耗

从人均能耗（电热当量法）来看（图 4-41），不同情景下，人均能耗应呈现先增长后下降的整体趋势，以中线情景为例，人均能耗在 2020 年 3.2 吨标准煤的基础上应先逐年放缓增量，至 2030 年达到峰值并稳定在 3.9 吨标准煤左右，随后开始逐步降低，在 2060 年下降到 2.8 吨标准煤，较基准年人均能耗下降 13%。

3）一次能源消费结构

从能源结构（电热当量法）来看（图 4-42），不同情景下，非化石能源在一次能源结构中的比重需显著提高，清洁能源天然气的占比也应持续增长，煤炭和石油比重则需要不断下降。与发电煤耗法相比，电热当量法计算的 2030 年前非化石能源比重相对较低，且非化石能源占比的增长速度以及煤炭和石油比重的下降速度均有所放缓。以中线情景为例，非化石能源的比重在 2025 年、2030 年分别应提高到 11.2%、15.6% 以上，2060 年占比至少需达到 58%，2020～2060 年年均增速不应低于 4.8%。天然气消费比重则由 2020 年的 9.4% 提升至 2030 年的 13%，

2060 年占比保持在 14% 左右。

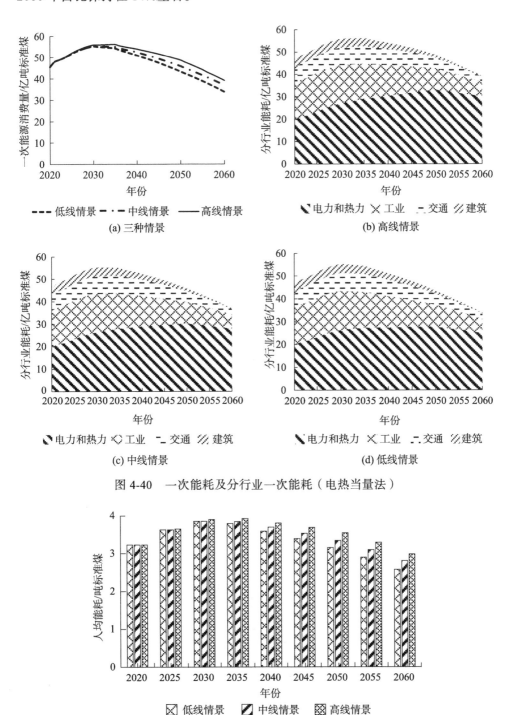

(a) 三种情景

(b) 高线情景

(c) 中线情景

(d) 低线情景

图 4-40　一次能耗及分行业一次能耗（电热当量法）

图 4-41　不同情景下人均能耗（电热当量法）

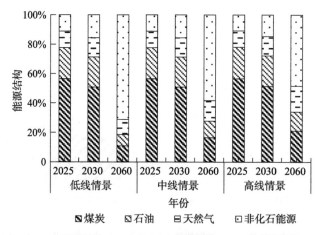

图 4-42　不同情景下一次能源消费结构对比（电热当量法）

4）终端部门电气化水平

总体而言，碳中和目标促使终端电气化进程不断推进，按照国家能源局公布口径，在所有情景下终端部门电气化率都需要保持总体单边上升的趋势（图 4-43），并且争取在 2030 年达到 34%（低线情景）、34%（中线情景）、33%（高线情景）以上；到 2060 年力争提升至 60% 以上。

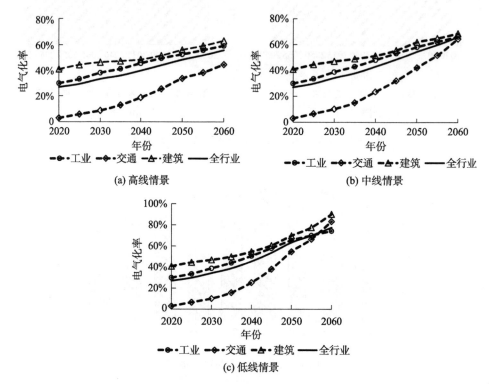

图 4-43　不同情景下终端部门电气化水平（电热当量法）

分部门来看，建筑部门设备的电气化进程推进易于其他部门，因而其电气化水平整体高于其他部门，电气化率年均增长率在 2020～2060 年应保持 1.3% 左右，力争 2060 年建筑部门电气化水平达到 70% 以上。工业部门是耗电量最大的部门，因而其电气化发展水平对终端部门整体的电气化水平影响较大，应力争 2060 年电气化率达到 60%（高线情景）；交通部门 2040 年前的电气化进程较慢，其电气化推广主要集中于短途客运交通，2040 年后城际客运交通和货运交通电气化应重点发力，带动整体交通部门电气化水平快速增长，力争 2060 年达到 60% 以上。

4.5.4 主要结论与建议

（1）实现碳中和目标，全国能源消费要力争在 2030～2035 年达峰，峰值控制在 64 亿～67 亿吨标准煤（发电煤耗法）或 55 亿～57 亿吨标准煤（电热当量法）。人均能耗前期减速增长，后期开始平稳下降，2060 年人均能耗需下降至 3.80～3.96 吨标准煤（发电煤耗法）或 2.8～3.2 吨标准煤（电热当量法）。特别地，需进一步提高非化石能源在一次能源结构中的比重，2025 年需要增加非化石能源比例至 20.5% 以上（发电煤耗法），并在 2060 年提高至 61.2% 以上（发电煤耗法）。终端部门电气化率在 2030 年力争达到 33% 以上（电热当量法），并于 2060 年提升至 60% 以上（电热当量法）。

（2）积极并大规模发展天然气。无论是遵循主要国家能源发展的历史规律，还是出于能源系统成本（基础设施等）、系统安全考虑，以及出于低碳发展约束考虑，未来我国较大规模发展天然气是实现低碳转型的重要路径。2040 年天然气消费规模可考虑设定为 5000 亿立方米以上，人均 400 立方米（OECD 国家当前 1400 立方米），其中 40%～50% 用于发电（相当于目前 OECD 国家水平），此后逐步下降。届时部分气电资产逐步作为备用电源，2060 年可考虑设定天然气消费规模为 3500 亿立方米。

（3）能源相关二氧化碳排放量力争于 2025～2035 年进入平台期，峰值控制在 120 亿～123 亿吨二氧化碳。2060 年二氧化碳排放量需进一步降至 10 亿～32 亿吨，其中，二氧化碳过程排放量控制在 3 亿～4 亿吨，二氧化碳 CCUS 捕集量需达到 8.9 亿～11.2 亿吨。人均碳排放量缓增至 8.5 吨左右后开始下降，2060 年人均碳排放量需下降到 2020 年的 9.5%～30.4%。电力部门和工业部门是碳排放的主要来源，且电力部门需力争于 2060 年实现近零排放。

（4）单位 GDP 能耗和单位 GDP 二氧化碳排放量需持续快速下降。力争到 2040～2050 年，将我国单位 GDP 能耗降至与主要发达国家 2020 年水平相当，并实现 2060 年单位 GDP 能耗较 2020 年降幅达 80% 以上，年均降速需达到 4% 以上。单位 GDP 二氧化碳排放量力争于 2035～2045 年降至与主要发达国家 2020 年水平相当，并实现 2060 年单位 GDP 二氧化碳排放量较 2020 年降幅达 90% 以上，年均下降速度需达到 5.5%以上。

（5）完善能源统计口径、核算方法和能源结构表征方法。未来我国将逐步过渡到以新能源为主的现代能源系统，储能将大规模发展，氢能也可能占据重要地位，未来可能有较多弃电和储能损耗、制氢损耗等，建议将这些能源纳入统计口径，以反映并激励改进能源系统效率。未来煤炭的消耗量将持续减少，传统的能源总量核算和能源结构表征中，以发电煤耗法折算一次电力（可再生能源）将越来越难以适用于能源经济研究和决策工作。建议在能源总量核算中，采用电热当量法，甚至可以考虑采用等价电力的方法，能源结构测算方法也需做相应修订。

参 考 文 献

高亿萱. 2016. 不同维度下的能源经济建模及中国能耗峰值预测研究[D]. 北京: 北京理工
    大学.
国家发展改革委, 国家能源局. 2016. 能源技术革命创新行动计划(2016—2030 年)[EB/OL].
    https://www.ndrc.gov.cn/xxgk/zcfb/tz/201606/W020190905517012835441.pdf[2021-01-08].
国家发展改革委, 国家能源局. 2017. 国家发展改革委　国家能源局关于印发能源发展
    "十三五" 规划的通知[EB/OL]. http://www.nea.gov.cn/2017-01/17/c_135989417.htm
    [2021-01-08].
国家统计局. 2019. 中国统计年鉴 2019[M]. 北京: 中国统计出版社.
国家统计局. 2020. 中国统计年鉴 2020[M]. 北京: 中国统计出版社.
国家统计局. 2021. 2020 年四季度和全年国内生产总值(GDP)初步核算结果[EB/OL].
    http://www.stats.gov.cn/tjsj/zxfb/202101/t20210119_1812514.html[2021-01-19].
刘文华. 2021. 能源供应保障有力、能耗强度继续下降[EB/OL]. http://www.stats.gov.cn/tjsj/
    zxfb/202101/t20210119_1812582.html[2021-01-19].
生态环境部. 2019. 中国应对气候变化的政策与行动 2019 年度报告[EB/OL]. http://www.
    mee.gov.cn/ywgz/ydqhbh/qhbhlf/201911/P020191127380515323951.pdf[2021-01-08].
王康康. 2020. 非高耗能行业节能减排潜力评估方法及应用研究[D]. 北京: 北京理工大学.
魏一鸣, 廖华. 2019. 能源经济学[M]. 3 版. 北京: 中国人民大学出版社.
魏一鸣, 廖华, 余碧莹, 等, 2018. 中国能源报告（2018）: 能源密集型部门绿色转型研究[M].
    北京: 科学出版社.
易兰丽君. 2020. 造纸行业节能减排路径模拟方法及应用研究[D]. 北京: 北京理工大学.
余碧莹, 赵光普, 安润颖, 等. 2021. 碳中和目标下中国碳排放路径研究[J]. 北京理工大学
    学报(社会科学版) , 23(2):17-24.
张春. 2020. "一带一路" 高质量发展观的建构[J]. 国际展望, 12(4): 111-131, 153-154.
张帅. 2020. 铝行业节能减排路径模拟方法及其应用研究——以中国为例[D]. 北京: 北京理
    工大学.
An R Y, Yu B Y, Ru L, et al. 2018. Potential of energy savings and CO_2 emission reduction in
    China's iron and steel industry[J]. Applied Energy, 226: 862-880.
BP. 2020. Statistical Review of World Energy 2020[EB/OL]. https://file.vogel.com.cn/124/

upload/resources/file/84663.pdf[2020-11-08].

Chen J M, Yu B, Wei Y M. 2018. Energy technology roadmap for ethylene industry in China[J]. Applied Energy, 224:160-174.

IEA. 2019. World Energy Balances-Energy balances for 150 countries and 35 regional aggregates[EB/OL]. https://www.iea.org/reports/world-energy-balances-overview[2021-11-14].

IEA. 2020. IEA Online Data[EB/OL]. http://data.iea.org/[2021-11-14].

IMF. 2020. World Economic Outlook[EB/OL]. https://www.imf.org/en/Publications/WEO/Issues/2020/09/30/world-economic-outlook-october-2020[2021-11-14].

Li X, Yu B Y. 2019. Peaking CO_2 emissions for China's urban passenger transport sector[J]. Energy Policy, 133:110913.

Tang B J, Guo Y Y, Yu B Y, et al. 2021a. Pathways for decarbonizing China's building sector under global warming thresholds[J]. Applied Energy, 298: 117213.

Tang B J, Li R, Yu B Y, et al. 2018. How to peak carbon emissions in China's power sector: a regional perspective[J]. Energy Policy, 120: 365-381.

Tang B J, Li R, Yu B Y, et al. 2019a. Spatial and temporal uncertainty in the technological pathway towards a low-carbon power industry: a case study of China[J]. Journal of Cleaner Production, 230:720-733.

Tang B J, Li X Y, Yu B Y, et al. 2019b. Sustainable development pathway for intercity passenger transport: a case study of China[J]. Applied Energy, 254: 113632.

Tang B J, Wu Y, Yu B Y, et al. 2020. Co-current analysis among electricity-water-carbon for the power sector in China[J]. Science of the Total Environment, 745: 141005.

Tang B J, Zou Y, Yu B Y, et al. 2021b. Clean heating transition in the building sector: the case of northern China[J]. Journal of Cleaner Production, 307(2): 127206.

Zhang C Y, Yu B Y, Chen J M, et al. 2021. Green transition pathways for cement industry in China[J]. Resources, Conservation and Recycling, 166: 105355.

Zhao G P, Yu B Y, An R Y, et al. 2021. Energy system transformations and carbon emission mitigation for China to achieve global 2℃ climate target[J]. Journal of Environmental Management, 292: 112721.

第 ⟨5⟩ 章

我国能源安全面临的风险挑战

5.1 油气进口规模与通道

5.1.1 油气进口规模

我国油气进口规模较大。原油进口量从 2000 年的 7000 万吨增至 2020 年的 5.4 亿吨，年均增速 11%，2020 年石油对外依存度高达 73%。我国原油进口来源结构呈现中东总体稳定，非洲、亚太地区下降，俄罗斯中亚和美洲地区上升的态势（表 5-1）。2000~2020 年，我国从中东、非洲和亚太地区的原油进口比例分别从 54%、24% 和 15% 降至 47%、14% 和 3%；从俄罗斯中亚和美洲地区的原油进口比例从 3% 和 0 分别增至 14% 和 16%。

表 5-1 我国原油进口来源比例变化

地区	2000 年	2005 年	2010 年	2015 年	2020 年
俄罗斯中亚	3%	11%	11%	14%	14%
中东	54%	47%	47%	51%	47%
非洲	24%	30%	30%	19%	14%
美洲	0	3%	9%	13%	16%
亚太	15%	8%	4%	2%	3%

资料来源：中国海关

从进口国来看，2020 年沙特阿拉伯重回我国原油进口第一大国位置，进口量从 2000 年的 573 万吨增至 2020 年的 8492 万吨，年均增速达 14.4%，占我国原油进口总量的 15.7%。巴西、委内瑞拉和美国出口到我国的原油量不断增长，从而带动美洲地区出口我国原油总量的增长，三国出口到我国的原油量分别从 2000 年的 23 万吨、无出口增至 2019 年的 4017 万吨、1141 万吨和 635 万吨。受美国对委内瑞拉制裁以及中美贸易第一阶段协定影响，2020 年我国自委内瑞拉原油进口量降至零，自美国原油进口量提升至 1976 万吨，自巴西原油进口量增加至 4218 万吨。我国从中东地区进口原油所占比重降低，其主要原因是我国自伊朗原油进口出现年均 2.9%的负增长。多数中东地区国家向我国的原油出口量年均增速也远低于 10.8%的进口量增速。从非洲地区进口原油所占比重降低，主要原因是苏丹受制裁导致其出口量大幅降低，我国从苏丹进口的原油量从 2009 年的 1219 万吨降至 2018 年的 16 万吨。在亚太地区，我国自印度尼西亚原油进口量年均减少 5.4%，拉低了该地区在我国原油进口结构中的比重。

我国天然气进口主要来自亚太和俄罗斯中亚地区，进口来源结构较为均衡。自 2006 年我国成为天然气进口国以来，我国天然气进口量从 2006 年的 10 亿立方米增至 2020 年的 1421 亿立方米，年均增速高达 42%。2020 年我国天然气对外依存度超过 40%。2009～2020 年我国从亚太地区的天然气进口比例从 85%降至 42%，从俄罗斯中亚和中东地区进口天然气的比例分别从 3%和 8%增至 47%和 9%（表 5-2）。

表 5-2　2009～2020 年我国天然气进口来源比例变化

地区	2009 年	2010 年	2015 年	2016 年	2017 年	2018 年	2019 年	2020 年
中东	8%	15%	14%	19%	21%	18%	12%	9%
俄罗斯中亚	3%	25%	47%	51%	52%	49%	50%	47%
非洲	2%	2%	5%	2%	3%	4%	2%	1%
美洲	1%	0	3%	1%	0	0	0	1%
亚太	85%	57%	32%	27%	23%	28%	36%	42%

资料来源：中国海关

注：本表中数据经过四舍五入修约处理，可能存在合计不等于100%的情况

自中亚天然气管道建成以来，土库曼斯坦出口到我国的天然气大幅增长，2010 年超过澳大利亚成为我国天然气第一大进口国。2020 年，土库曼斯坦对我国供气 289 亿立方米，占我国天然气进口总量的 20.3%。

5.1.2　油气进口通道

我国油气进口通道主要由中俄、中亚、中缅三个方向的陆上通道以及海上通道构成。如表 5-3 所示，截至 2019 年底，我国已建成中俄原油管道及中俄原油管道复线、中哈原油管道、中缅原油管道三条跨国石油进口管道，合计运力 7300 万吨/年；已建成中俄东线、中缅天然气管道和中亚 ABC 线三条跨国天然气进口管道，合计运力 1050 亿米³/年。

表 5-3　我国原油和天然气管道输送能力

管道		运力
原油/(万吨/年)	中俄原油管道	1500
	中俄原油管道复线	1500
	中哈原油管道	2000
	中缅原油管道	2300
	合计	7300
天然气/(亿米³/年)	中俄东线	380
	中亚 ABC 线	550
	中缅天然气管道	120
	合计	1050

海上通道是我国最主要的原油和天然气进口通道。2019 年，我国从海上进口原油 4.54 亿吨，进口天然气 606 亿立方米，分别占我国原油和天然气进口总量的 90% 和 54.4%。截至 2019 年底，我国共有超过 15 个进口原油的大型港口，共有原油码头超过 37 座，合计原油接卸能力超过 5.3 亿吨，完全可以满足我国原油进口的需要（表 5-4）。截至 2019 年底，我国 LNG 总接卸能力超 7470 万吨/年，主要分布在东南沿海地区（表 5-5）。

表 5-4　中国主要石油码头

港口	原油码头座数	泊位/万吨	接卸能力/万吨
宁波港	5	155	6520
惠州港	4	90	5900
青岛港	4	110	6840
大连港	4	120	5568
舟山港	5	145	7335
天津港	2	40	2650
泉州港	2	40	1915
湛江港	2	60	3050
日照港	3	70	4650
营口港	1	30	1800
锦州港	1	25	800
唐山港	1	30	2000
茂名港	1	25	1000
钦州港	1	10	1500
洋浦港	1	30	1750

表 5-5　我国主要 LNG 接收终端

终端名称	所有者	所在地	气化能力/万吨	投运时间
广东	大宇造船海洋(山东)有限公司(韩国)	广东深圳	370	2006 年 5 月
广东（一期扩建）		广东深圳	310	2007 年 9 月
福建（一期）	中国海洋石油集团有限公司	福建莆田	260	2008 年 4 月
上海五好沟	上海燃气（集团）有限公司	上海浦东	110	2008 年 4 月
上海	申能（集团）有限公司	上海洋山	300	2009 年 11 月
福建（二期）	中国海洋石油集团有限公司	福建莆田	240	2011 年 5 月
江苏（一期）	中国海洋石油集团有限公司	江苏如东	350	2011 年 11 月
大连（一期）	中国海洋石油集团有限公司	辽宁大连	300	2011 年 12 月
东莞	广东九丰集团有限公司	广东东莞	150	2012 年 12 月
浙江宁波(一期)	中国海洋石油集团有限公司	浙江宁波	300	2013 年 1 月
珠海（一期）	中国海洋石油集团有限公司	广东珠海	350	2013 年 10 月
唐山(一期)	中国石油天然气集团公司	河北唐山	350	2013 年 12 月
天津(中海油离岸)（FSRU）	中国海洋石油集团有限公司	天津	220	2013 年 12 月
海南	中国海洋石油集团有限公司	海南洋浦	300	2014 年 9 月
海南深南(一期)	中国石油天然气集团公司	海南澄迈	60	2014 年 11 月
山东	中国石油化工集团有限公司	山东青岛	300	2014 年 12 月
唐山(二期)	中国石油天然气集团公司	河北唐山	300	2015 年 12 月
北海	中国石油化工集团有限公司	广西北海	300	2016 年 3 月
山东	中国石油化工集团有限公司	山东青岛	150	2016 年 3 月
大连（二期）	中国石油天然气集团公司	辽宁大连	300	2016 年 11 月
江苏（二期）	中国石油天然气集团公司	江苏如东	300	2016 年 11 月
粤东（一期)		广东揭阳	200	2017 年 5 月
启东（一期）	新疆广汇石油有限公司	江苏启东	60	2017 年 8 月
天津（中石化）一期	中国石油化工集团有限公司	天津南港	300	2018 年 4 月
深圳（一期）	中国海洋石油集团有限公司	广东深圳	400	2018 年 8 月
天津(中海油陆上)一期	中国海洋石油集团有限公司	天津市	220	2018 年 10 月
舟山一期	河北新奥能源发展有限公司	浙江舟山	300	2018 年 10 月
启东（二期）	新疆广汇石油有限公司	江苏启东	60	2018 年 11 月
深圳（深圳燃气）	深圳市燃气集团股份有限公司	广东深圳	80	2019 年 3 月
福建（三期）	中国海洋石油集团有限公司	福建莆田	130	2019 年 4 月
潮州(一期)		广东潮州	100	2019 年 10 月

资料来源：中国石油集团经济技术研究院

5.1.3　油气进口风险分析

在正常经济运行条件下，中国油气进口的经济成本有望持续处于较低水平。

此外，美国基本实现能源独立后在国际能源格局中可能占据更多主导权，美国可能成为油气出口大国。我国油气安全面临的外部环境将愈加不确定，目前国内油气储量远远不够，进口依存度将长期处在较高水平。若遇到非市场面的特殊情况（如局部冲突、恐怖袭击能源供应设施等），不排除中国油气进口通道的中断。如果中断时间较长，将对中国能源安全乃至经济社会发展造成极大负面影响。

1. 东北通道现阶段风险较低，长期面临潜在的由地缘政治冲突引发的断供风险

随着中俄原油管线二期以及中俄东线天然气管道建成投产，我国从俄罗斯进口油气的数量大幅增加。据俄罗斯已经采取的措施来看，当俄罗斯与其他国家发生矛盾时，油气减供、断供是其可能采取的做法。考虑到中俄大国关系的特殊性，当前阶段两国战略利益总体一致，中俄油气通道断供风险不大，但不排除长期存在风险。

2. 西北通道面临油源不足、天然气频繁减供断供以及恐怖袭击风险

（1）油源不足风险突出。目前，中哈原油管道主要过境运输俄罗斯原油。2019年中哈原油管道输油不足 1100 万吨，其中俄罗斯输油近 1000 万吨，哈萨克斯坦输油不到 100 万吨，哈萨克斯坦对华出口量呈逐年下降趋势。中哈原油管道哈萨克斯坦油源主要来自哈萨克斯坦中部的库姆科尔和阿克纠宾油区，该区域均已进入开发后期，产量递减严重。哈萨克斯坦西部和里海地区虽然油气资源丰富，产量占哈萨克斯坦总产量的 90%，开发前景广阔，但该地区还不是中哈原油管道的油源，且该地区距离欧洲较近，向欧洲输送费用低，上游项目向欧洲出口可获得较高回报。因此，预计未来中哈原油管道中来自哈萨克斯坦的原油还存在进一步下降的压力。

（2）天然气断供、减供频繁，短期内难以好转。从过去几年的经验来看，哈萨克斯坦、土库曼斯坦等中亚国家与我国华北、东北地区纬度相近，冬季其自身天然气需求增加，势必影响对我国天然气的输送。同时，土库曼斯坦寻求出口多元化，谋求建设土库曼斯坦—阿富汗—巴基斯坦—印度跨境天然气管道等新的天然气出口管道；乌兹别克斯坦气源不足，其国内舆论经常批评国家对外出口天然气导致部分当地居民用气困难，2020 年 1 月，乌兹别克斯坦总理阿里波夫表示，乌兹别克斯坦计划到 2025 年停止出口天然气，转为在国内进行加工；俄罗斯、南亚国家、高加索地区以及欧洲国家也与我国存在竞争土库曼斯坦气源问题。近两年中亚天然气一直存在冬季减供问题，严重影响我国天然气的正常消费。减供是长期以来我国天然气体制机制及供需结构问题累积叠加的结果。未来该问题解决难度较大，仍然存在减供风险。

（3）极端恐怖组织"伊斯兰国"外溢带来安全风险。"伊斯兰国"在中东受挫后，可能逐步将势力向中亚扩散。我国中亚油气管线距离较长、多处于无人区，存在恐怖主义袭击而中断的风险。

3. 西南通道当前面临较高的地缘政治和安全风险，同时气源不足的风险较高

（1）缅甸正面临严峻的地缘政治和安全风险。西方对缅甸的地缘政治渗透持续，缅甸军方和民盟以及其少数民族的矛盾突出，2021 年 3 月，缅甸局势出现重大动荡，军方扣押民盟主要领导人，缅甸国内进入紧急状态，民众抗议不断。此外，缅北掸邦和若开邦地区局势持续不稳，民族、宗教问题所带来的安全风险等都对中缅油气通道的稳定运行构成威胁。

（2）缅甸气源不足问题或将继续加大。中缅天然气管道设计输送量 120 亿立方米，但由于气源问题，利用率不足 50%。一方面，中缅天然气管道的主力气源（Shwe 气田）增产潜力有限，项目规划产量不到 60 亿立方米，且若开海域潜在的气田多处于勘探阶段，补充气源产能有限，短期内管道利用率仍难以有效提升。另一方面，近年来，随着经济发展与人口增长，缅甸国内对天然气消费的需求不断提高，缅甸国内用气出现短缺，天然气发电和化肥生产都受到严重影响。缅甸社会对天然气应保障其国内供应的呼声也日益高涨。2014 年，缅甸帕拉米能源集团公司（Parami Energy Group of Companies）公开呼吁，缅甸政府应该修改现有的天然气出口合同,将原来约定的向中国和泰国的天然气出口量减至一半。近年，缅甸国内不断有类似的呼声。缅甸国家石油公司的退休主管 Than Tun 也表示，缅甸所产天然气应该优先考虑缅甸国内需求,未来管道在缅甸境内的下载压力将进一步增大。

4. 海上通道主要面临大国地缘政治博弈和海盗袭击风险

（1）我国超过 85% 的原油都是通过海上通道进口。据粗略估算，一旦发生南海战争或台海危机，海上通道受阻，即使国内加大生产、陆上通道满负荷运行，再加上现有的石油储备体系，也仅可满足国内 70～80 天的石油需求。此外，当前中美贸易摩擦愈演愈烈，美国油气出口正在快速增长，东北亚是其重要的出口市场。日本、韩国是美国的盟友，随着美国在国际油气出口市场份额不断增加，不排除美国今后把调整油气出口数量、方向等作为向中国要价筹码的可能性。此外，在海上通道方面，亚丁湾、东非海域、几内亚湾、马六甲海峡等海上交通要道海盗风险突出，会对我国油气进口产生直接影响。

（2）地缘政治博弈导致海上短期断供风险突出。美国、俄罗斯围绕中东地区主导权的斗争由暗到明，沙特阿拉伯和伊朗对地区大国的争夺日益白热化，中东地区的冲突将长期存在。中东乱局可能影响沙特阿拉伯、科威特、伊拉克、卡塔尔等国的油气出口。2020年，中国47%的原油和9%的天然气来自中东，一旦供应中断，不仅直接影响已签合同的落实，还会造成国际市场供应短缺，短期价格暴涨。

（3）美国和澳大利亚可能针对我国实施出口限制。美国将中国定义为战略竞争对手后，对中国进行贸易、科技等全方位打击，这将波及中美油气贸易。一是影响中国企业与美国企业已签订油气合同的执行，如中国石油企业与切尼尔能源公司签订的LNG进口合同等。二是美国通过其盟友影响油气向中国的稳定供应，这在澳大利亚方面表现最为突出。在澳大利亚对外政策中，始终把澳美关系放在第一位，如果中美对抗升级或关系恶化，中澳油气合作将会受到影响。目前，中国从澳大利亚进口LNG比例过高。2020年我国进口澳大利亚LNG达2916万吨，占LNG进口总量的43%，占我国进口天然气总量的29%。当前出现澳大利亚海关阻碍向中国出口LNG的现象，未来若中美对抗持续升级，不排除澳大利亚进一步限制向中国出口LNG的风险。

（4）进口来源过于集中导致化解风险腾挪空间不大。虽然近年来，我国原油进口来源多元化有所好转，但集中度仍然偏高。中东仍是我国原油进口最大来源地，占我国原油进口总量的40%以上；中东和非洲占60%左右；从俄罗斯、沙特阿拉伯、安哥拉、伊拉克、阿曼和巴西进口的原油量已超过50%。我国海上进口原油比例占比超过80%，且线路单一、运程较远。除从南美洲委内瑞拉等进口的石油走太平洋航线以外，其他海上石油运输都要经印度洋—马六甲海峡—南中国海这一航线。

5. 极端政治事件造成油气断供的风险存在

（1）考虑到国内油气资源禀赋限制和开发成本相对较高，我国未来需要大量进口石油和天然气的趋势不会改变。然而，在当前新形势下，油气行业跌宕起伏，供应格局大起大落，油价暴跌暴涨，引发了人们对我国油气进口断供危机的担忧。分析来看，主要有以下几个方面：其一，核心产油国的供应格局已发生显著变化，美国借助页岩油气革命获得能源独立，逐渐摆脱对中东油气资源的依赖。因此，美国将具备更加丰富的资源和强劲的力量来左右全球未来油气供给版图，在全球油气市场混乱的状态下，美国拥有的"独善其身"能力将给其他进口大国的能源安全带来威胁。其二，美国以伊朗核危机为由，不断在中东地区挑起争端和冲突，石油设施遇袭、无人机爆炸、威胁封锁霍尔木兹海峡和伊朗军官遭斩首等地缘政治事件发生，使中东局势变得更加复杂和变幻莫测，严重威胁了中东地区国家正常油气出口。其三，美国与我国的博弈加剧。美国借助中美贸易战以及全球新冠疫情，在经贸、金融、科技、产业链、供应链等诸多领域打压我国，并利用新冠疫情从政治舆论上制造对我国更不利的国际生存环境。美国也完全有可能会影响我国油气安全，意图抑制我国经济的平稳发展。

（2）高风险海外油气进口格局在短期内难以发生根本性改变。无论是从进口来源还是从运输路线来看，我国当前的海外油气进口格局风险程度依然较高，且短期内难以改变。从油气进口来源看，目前我国石油进口主要集中于政治局势动荡的中东和北非地区。这些国家内部政权更迭频繁，战争内乱冲突不断，且容易被其他敌对势力控制。地缘政治事件引发的油气基础设施破坏、输油管道炸毁和出口港口损坏均会对石油出口产生严重影响。从油气进口运输线路来看，我国海外油气进口路线中包括多个高风险海域，且海盗袭击时有发生。一旦爆发战争或冲突，海峡封锁和航线中断等问题均会对我国油气进口产生严重威胁。然而，尽管我国当前海外油气进口格局风险程度较高且相对脆弱，但在短期内却难以发生根本性改变。一方面，油气资源国的资源丰度和风险程度有较强相关性，进口国替换存在着一定困难。另一方面，我国目前油气进口运输路线中的风险海域及海峡大多属于必经之路，少有替代方案。另外，从国内油气资源禀赋来看，短期内实现大幅增产的可能性不大，且目前的勘探开发成本相对较高。因此，考虑到我国经济对油气资源的重度依赖及油气断供之后的巨大经济社会影响，必须高度重视油气进口断供风险，亟须从立足本土的视角来防止石油安全成为制约我国经济发展的"卡脖子"问题。

5.2　油气储备体系

5.2.1　油气储备能力

油气储备体系主要体现在紧急情况下油气储备的释放和吸储，主要涉及储备能力和储备水平两个方面。石油储备包括战略储备和商业储备。天然气储备目前只有用于调峰的商业储气库。据国家统计局发布的数据，截至 2017 年年中，我国建成舟山、舟山扩建、镇海、大连、黄岛、独山子、兰州、天津及黄岛国家石油储备洞库共 9 个国家石油储备基地，利用上述储备库及部分社会企业库容，储备原油 3773 万吨。根据这一数据推算，这一储备量仅相当于 2017 年 1 个月的原油净进口量。2019 年 9 月，国家能源局表示，商业和战略原油库存约为 80 天的净进口量，较目标至少仍有 20 天净进口量的缺口，约 2570 万吨。

与发达国家的石油净进口国相比，我国的石油储备体系建设相对较晚、储备规模较小。IEA 要求每个成员国持有相当于至少 90 天净石油进口量的紧急石油储备。2020 年底，IEA 成员国（净进口国）的石油储备规模是 245 天净进口量，其中社会储备规模为 143 天净进口量。

我国天然气储备调峰能力 190 亿立方米，仍有较大提升空间。截至 2019 年底，我国累计建成 27 座地下储气库，调峰能力 140 亿立方米，再加上 50 亿立方米的 LNG 调峰能力，合计总储气库调峰能力为 190 亿立方米，占 2019 年我国天然气消费量的 6.3%，与国家要求的 16% 还有很大的差距。

5.2.2　短期供应过剩应对能力

2020 年新冠疫情暴发，我国油气消费锐减，油气库存持续处于高位，导致炼厂开工率下降，LNG 进口承压，影响到我国油气生产、企业与国外油气出口商关系、油气行业及国民经济发展。这反映出我国油气储备体系在应对油气严重过剩问题时的不足，具体表现如下。

（1）油气需求下降，库存上升。新冠疫情导致的停工停产对国内油气消费的短期影响很大。2020 年 2 月上旬，国内石油消费量较春节前下降近一半，天然气消费量下降约两成。国内炼厂汽柴油库存激增，普遍较 2019 年年均库存高出一倍以上，超过警戒库存，并呈继续上升的态势。南方地区天然气过剩较为严重，我国采取了紧急调入储备库的措施。

（2）国内炼化企业开工率下降，部分被迫停工。由于疫情，国内炼化企业面临"原料运不进厂，产品卖不出去"的困境。2020 年春节前，山东地炼的炼厂开工率在 60%～70%，三大石油公司主营炼厂的开工率在 75%～85%。受疫情影响，地方炼厂开工率下降一半，只有 30% 左右的开工率，甚至被迫停工。

（3）LNG 压缩进口，但遭到外国公司拒绝。受疫情影响，中海油等公司按照不可抗力条款提出临时取消部分天然气购买合同，部分国际 LNG 出口商愿意协助变通，但法国道达尔公司和壳牌公司先后表示拒绝。此外，LNG 进口承压还将影响中美第一阶段经贸协议中扩大能源贸易条款的落实。

概括起来，我国油气储备体系在应对油气供应过剩问题时的缺位主要体现在协同能力不足。新冠疫情暴发初期，国内油气需求呈下降趋势，上游油气生产企业仍全力增储上产。2020 年春节以后，中国石油的油气田企业开足马力，国内原油、天然气日产量比 2019 年同期分别增长 2.2% 和 12.6%，进一步加剧了国内油气供应过剩，也制约了当时低价进口油气的空间。

5.3　管网基础设施安全

随着分布式、间歇性、碎片化的可再生能源比重不断增多，以及城市燃气乃至乡镇燃气不断推广，能源系统的关联化、网络化趋势日益凸显。煤炭、石油等易存储的能源比重不断减少，电气化、燃气化水平不断提高，能源基础设施的安全性日趋重要。据国务院新闻办公室发布的《新时代的中国能源发展》白皮书数据，我国已建成 330 千伏及以上输电线路长度 30.2 万公里，天然气主干管道超过

8.7 万公里、石油主干管道 5.5 万公里，发电装机容量 20.1 亿千瓦。据国家能源局
（2021）数据，截至 2020 年底，我国可再生能源发电装机达到 9.34 亿千瓦，其
中水电 3.7 亿千瓦、风电 2.81 亿千瓦、光伏发电 2.53 亿千瓦、生物质发电 2952
万千瓦。我国已提出要在 2030 年实现非化石能源占一次能源消费比重达到 25%左
右，风电、太阳能发电总装机容量达到 12 亿千瓦以上的目标。

5.3.1　电力系统设施安全

突发性、大规模停电停气事故将对经济活动和居民生活造成重大冲击，甚至
可能造成重大生命财产损失。各种社会公共服务将因电力中断而受到严重冲击，
如支付系统、电信和交通信号灯、冷链食品安全、医疗设施运行等。

当下我国电源设施运行安全稳定。据国家能源局和中国电力企业联合会联合发
布的 2019 年全国电力可靠性指标数据，在发电设备方面，纳入电力可靠性统计的
各类发电机组等效可用系数均达到 90%以上，其中燃煤机组等效可用系数 92.79%，
同比增加 0.53 个百分点；水电机组等效可用系数 92.58%，同比增加 0.28 个百分点。
在配套设施方面，2019 年大型燃煤机组配套辅助设备健康水平稳定提高。

我国地域辽阔，长距离、特高压输电比重还将增多。电力在远距离运输、配送
过程中风险也会相应增大，且影响范围更加广泛，尽管我国电网设施相对安全稳定，
但在清洁能源转型、网络威胁和气候变化等新趋势下，更要关注电网基础设施所面
临的诸多风险，这既有自然灾害风险，也有人为破坏、军事打击、恐怖袭击等风险。
2019 年，我国农村人均用电量 1719 千瓦时，仅为城镇人均用电量的 23%。我国已
全部解决无电人口用电问题，但随着农村电气化水平的提高以及煤改电取暖工程的
持续推进，家庭用电量和用电负荷将不断增大，电网安全隐患增大。

可再生能源发电比例快速提升将有助于我国缓解对化石能源安全性的顾虑，
而且并网大幅提高了电力系统的灵活性。不同的可再生能源，尤其是太阳能光伏
发电，比常规发电机分布更广。据 IEA（2017）分析，具有分布式资源的系统可
能比集中式系统更具有弹性，但这要求操作人员具有更高的运营和维护能力。不
同来源的能源并入电网，要求电网基础设施及系统提高灵活性，以适应接入差异
巨大的能源并准确预测电力输出量。

随着互联网的不断普及，数字经济愈发深刻地改变人们的生活。IEA 研究表明，
新冠疫情冲击给人们带来巨大的挑战，从医疗设备到互联网都极度依赖稳定可靠的
电力，从而保障民众远程工作、视频会议顺畅。互联网为中国电力系统协作和清洁
能源转型带来诸多益处，保障了复杂的电网基础设施协同运作，但是也将电力系统
安全暴露给网络威胁。互联互通的输配网络、飞速建设的智能电网设施，以及电力
系统中不断增强的连接性和自动化，正不断加剧网络设施安全风险。

网络物理攻击对于电网基础设施的威胁与日俱增（Oughton et al.，2019）。精

准的网络威胁会让电网设施失去控制，进而造成物理损坏和广泛的服务中断。2018年，国家能源局出台《电力安全生产行动计划（2018—2020）》，体现出相关部门对于网络安全的重视。尽管不能完全预防网络攻击，但是强化电网系统安全防护可以加强网络各个节点的弹性。为加强电力网络安全监督管理，需要将电力监控系统安全防护纳入管理范围，以应对突发事件和网络攻击，使电力快速从突发事件中恢复。智能电网技术将进一步提升电网安全稳定性和设备运行可靠性，更好地满足系统安全稳定的相关规程要求，各道防线之间紧密协调、具备故障自诊断与修复的自愈功能。

核电的安全问题始终是核电发展的核心问题，既涉及核电运行风险、核燃料运输和核废料处理风险，也涉及核电站的军事打击、恐怖袭击等风险。截至 2019年底我国在运和在建核电装机容量 6593 万千瓦，居世界第二，其中，在建核电装机容量世界第一。尽管在全球范围内核电站发生事故次数不多，但已发生事故的地区会受到严重影响。发达国家核电比重相对较高，但多数国家对核电发展持消极态度，甚至逐步退出核电建设。

5.3.2 油气管网安全

油气管网规模不断增大。根据国家石油天然气管网集团有限公司（以下简称国家管网公司）数据，截至 2019 年底国家管网公司建成原油管道 22 条，总长度超过 1 万公里，总设计能力每年 2.81 亿吨。原油设备主要集中在北方地区，冬季面临严寒天气，管网设施防寒防冻统筹管理至关重要。截至 2019 年底，国家管网公司建成天然气管道 40 条，总长度 3.56 万公里，总设计能力每年超过 0.45 万亿立方米。旧设备面临老化风险，管网设施途经省份较多，设备跨区域跨省管理面临责任划分、信息同步与统一协调等问题。截至 2019 年底，国家管网公司建成成品油管道 16 条，总长度 0.99 万公里，但大部分是 2010 年以前建成的，设施相对老旧。除了国家管网公司的主干管道，其他油气企业也持有部分管道。

城乡燃气规模不断扩大。据住房和城乡建设部数据，截至 2019 年底，我国城市天然气管道为 77 万公里，用气人口接近 4 亿人；液化气管道 0.44 万公里，用气人口超过 1 亿人。预计未来气化水平还将提升，特别是在城市周边和部分农村地区。据国家能源局数据，2017～2020 年我国北方农村地区取暖煤改气用户达到 1643 万户。

5.4 能源技术安全

5.4.1 电力控制系统可能受到网络攻击

电力系统自动化、数字化、智能化水平不断提升，促进能源互联网、工业互联网等新业态发展，但引发的控制、运行和通信安全风险也日益突出。我国电力系统发展具有明显的大电力特征，拥有大量发电、输电和配电等基础设施。然而，受制于当前国内技术水平，电力系统中部分高端电气设备、芯片、算法和操作系统仍然依赖于其他国家。新形势下冲突加剧，国际敌对势力有可能借助网络工具对我国电力系统的脆弱部分（如输配电系统和核电机组）进行恶意攻击。一旦攻击获得成功，电力系统控制和运行将处于瘫痪状态，造成社会经济严重损失。当前，黑客对电力系统发动网络攻击的技术已经相对成熟，利用网络打击电力系统也已成为其破坏手段。在伊拉克战争、利比亚战争以及美伊冲突期间，美国都将电网等重要电力基建设施作为主要打击目标。而且，随着经济社会对电力系统的依赖程度不断加深，社会电气化水平不断提高，影响电力系统安全运行的因素呈现前所未有的复杂性、偶然性和不确定性。

5.4.2　全球制造业回归对我国能源产业链冲击

受到中美经贸摩擦、新冠疫情和逆全球化冲击影响，部分发达国家开始重新重视制造业。欧盟、美国、日本等发达国家都已制定本国的"再工业化"和"制造业回归"等战略。在成本、市场和技术获取等多种因素驱动下，产业链重塑已经成为全球性趋势。而且，不同国家间的竞争将突出表现为产业链控制权竞争，特别是产业链上核心技术的竞争。虽然我国在能源行业装备技术领域取得了一定突破，部分能源技术水平也已步入从以跟踪为主转向跟踪、并跑和领跑并存的新阶段。但从整体上看，我国原始创新能力依然不足，高端软硬件领域仍存在核心技术缺失和对外依存度较高等问题。在全球产业链调整的新形势下，部分国家可能会通过封锁禁运关键技术、关键元器件、关键材料和关键工业软件，使我国能源产业链空心化和碎片化，打压我国能源产业健康发展，企图遏制我国经济发展。考虑到我国能源行业市场规模和对能源装备的巨大需求，全球制造业回归和调整将对我国能源产业链发展产生重大冲击影响。

5.4.3　能源技术发展难以准确预见

在保障国家能源安全和应对气候变化的大背景下，能源科技创新地位愈加突出。能源技术预见是优化能源产业政策的前提之一，产业政策稍有不慎可能造成巨大资源浪费。但由于技术演化的不确定性，以及对技术发展规律的不同认识，各利益相关方均很难准确把握能源技术发展趋势。市场参与方对储能、氢能、新能源汽车等新型能源技术发展路线有不同认识。随着能源系统集成化、智能化、网络化发展，新型能源技术的推广应用将更加受营商环境和管理体制影响，这将对政府各职能部门间的协同合作能力提出更高要求。

5.5　海外能源资产安全

　　能源投资是我国对外投资合作的重要领域，全球疫情蔓延形势将对我国海外能源投资合作带来新的风险。从短期来看，为应对疫情，大部分国家采取停工停产和居家隔离等应对措施，这会影响我国海外能源项目生产运营，合同期内停工停产也会造成资本损失。考虑到能源行业资本密集型的特点，疫情期间的损失将对我国能源企业的现金流和盈利能力产生巨大冲击影响。同时，停工停产也会进一步阻碍企业开拓新合作领域以及延迟新合作达成。从长期来看，在新冠疫情带来的全球经济衰退和危机下，为尽快恢复经济及就业，各国将重新审视和调整在能源领域的合作方式。一方面，国际政治经济大环境变化可能会驱动资源国能源领域财税制度调整，从而谋取更大程度的本国利益，增加外国投资者的经营风险。另一方面，为保障国内人员就业和振兴国内经济，资源国将能源资产国有化的思潮可能会加剧，从而增加我国开展海外能源资产投资的难度和挑战性。

参 考 文 献

冯保国. 2021-02-23. 应将能源基础设施稳定运行纳入能源安全[N]. 中国石油报, (6).

国家能源局. 2013. 智能电网助力核电安全发展[EB/OL]. http://www.nea.gov.cn/2013-06/06/c_132434629.htm[2021-11-13].

国家能源局. 2021. 国家能源局 2021 年一季度网上新闻发布会文字实录[EB/OL]. http://www.nea.gov.cn/2021-01/30/c_139708580.htm[2022-01-14].

中国新闻网. 2020. 渤海发现亿吨级油田：可供百万辆汽车行驶20余年[EB/OL]. http://www.chinanews.com/cj/2020/05-27/9195912.shtml[2021-11-22].

IEA. 2017. Status of Power System Transformation 2017[EB/OL]. https://www.iea.org/reports/status-of-power-system-transformation-2017[2021-11-22].

Oughton E J, Ralph D, Pant R, et al. 2019. Stochastic counterfactual risk analysis for the vulnerability assessment of cyber-physical attacks on electricity distribution infrastructure networks[J]. Risk Analysis, 39(9): 2012-2031.

UN Secretary General. 2019. For every dollar invested in climate-resilient infrastructure six dollars are saved, secretary-general says in message for disaster risk reduction day[EB/OL]. https://www.un.org/press/en/2019/sgsm19807.doc.htm[2021-11-22].

World Bank. 2019. Lifelines: the resilient infrastructure opportunity[EB/OL]. http://hdl.handle.net/10986/31805[2021-11-20].

第 6 章

我国能源国际合作进展评估

　　2014 年 6 月，习近平总书记在中央财经领导小组第六次会议提出"四个革命、一个合作"能源安全新战略①。这是新时代中国能源革命的根本遵循与发展指南。当前，能源革命的量化目标及全面评估体系的构建还处于初级阶段，对于如何评估"能源革命"的发展阶段学术界目前还没有形成统一的认识。张奇（2018）从能源资源、生态环境、能源经济和技术装备四个维度构建能源生产与消费革命评估指标体系，分析了我国推进能源生产和消费革命的挑战，展望了未来发展方向。作为能源革命的重要元素，国际合作意义重大，不仅是打造开放条件下能源安全的必由之路，而且对于能源革命进展都将产生深远影响（王珺等，2021）。但在能源国际合作领域，鲜有评估体系及方法的研究。在量化研究的文献中，关于国家影响力、国际合作领域的评估体系研究主要集中在国家行业实力（沈艳波等，2020；张志强等，2018；刘丹等，2015）、国际竞争力（田晖和王静，2021）、海外产业园建设（刘佳骏，2021）、国际产能合作（郭建民和郑懋，2019）等。基于文献调研及方法借鉴，本章以国家发展和改革委员会、能源局 2016 年 12 月发布的《能源生产和消费革命战略（2016—2030）》为蓝本，构建了量化评估我国能源国际合作进展的指标体系，分别对 2015 年、2019 年我国的能源国际合作进展情况进行量化评估，核算我国近年来的能源国际合作进展指数，提出了 2030 年我国能源国际合作进展指数的目标期望值，并指出了 2021～2030 年我国能源国际合作发展需要着力加强的方向。

6.1　评估指标体系设计

　　经过研讨和多轮专家意见征求，本章构建的能源国际合作进展指标体系如表 6-1 所示。该指标体系涵盖实现海外油气资源来源多元稳定、畅通"一带一路"能源大通道、深化国际产能和装备制造合作、增强国际能源事务话语权在内的 4

---

① 《能源的饭碗必须端在自己手里——论推动新时代中国能源高质量发展》，http://www.xinhuanet.com/energy/20220107/ad41fd256f33434cb63cb63c82453fba/c.html[2022-07-25]。

类一级指标、23类二级指标。基于该指标体系，进一步建立定量评估我国能源国际合作进展的模型方法，即能源国际合作进展指数。

表 6-1　能源国际合作进展指标体系

一级指标	序号	二级指标 α_i
实现海外油气资源来源多元稳定	1	石油进口多元化指数
	2	天然气进口多元化指数
	3	海外石油权益产量占国内石油进口比例
	4	海外天然气权益产量占国内天然气进口比例
	5	对外承包工程营业额
	6	我国与油气进口和投资合作密切的国家的外交关系
畅通"一带一路"能源大通道	7	陆上石油进口通道能力
	8	陆上天然气进口通道能力
	9	原油码头接卸能力
	10	LNG 接收站能力
	11	通道安全合作机制级别变化
	12	我国年进出口电量
	13	油气管道和电网标准对接情况
	14	能源经贸产业园区建设情况
深化国际产能和装备制造合作	15	掌握先进技术的国外企业参与国内非常规油气勘探开发
	16	矿业、电力等部门 FDI 变化
	17	矿业、电力等部门对外直接投资变化
	18	世界 500 强能源企业排名
	19	入选美国《工程新闻纪录》"国际承包商 500 强"榜单的中国能源工程承包企业个数及综合排名
增强国际能源事务话语权	20	上海原油期货交易所交易量占全球交易量的比重
	21	华人参与能源组织任职情况
	22	我国参与的能源合作机制
	23	我国参加 IPCC 的人数

注：FDI 表示 foreign direct investment（外国直接投资）；IPCC 表示 Intergovernmental Panel on Climate Change（政府间气候变化专门委员会）

6.1.1　实现海外油气资源来源多元稳定

为保障我国进口油气的稳定，应当侧重完善海外重点合作区域布局，丰富能源国际合作内涵，把握好各方利益交集。为此选择了 6 类二级指标，分别为 α_1 石油进口多元化指数、α_2 天然气进口多元化指数、α_3 海外石油权益产量占国内石油进口比例、α_4 海外天然气权益产量占国内天然气进口比例、α_5 对外承包工程营业额、α_6 我国与油气进口和投资合作密切的国家的外交关系。

其中 α_1、α_2、α_3、α_4 前四类指标重在衡量我国油气多元化供应格局的构建情况，旨在通过有效利用国际资源，加快重构供应版图，形成长期可靠、安全稳定的供应渠道。从能源来源渠道来看能源主要包括直接进口、海外权益两个来源，其中直接进口方面的格局情况利用市场集中度指数——赫芬达尔-赫希曼指数（Herfindahl-Hirschman index，HHI）衡量，即石油/天然气进口的多元化程度：

$$HHI = \sqrt{\sum_{K=1}^{N} (m_k / m)^2}$$

其中，N 表示我国自 N 个国家进口石油/天然气；m_k 表示我国自第 k 国的石油/天然气进口量；m 表示我国的石油/天然气的总进口量。油气进口量的数据采用全球贸易跟踪系统（Global Trade Tracker）统计数据。考虑到本章的指标均为正向指标，所以进口多元化的指标实际取值为 1–HHI。对于海外权益，则从海外权益占我国油气进口的比重方面进行评估，其中海外油气权益产量则取自中国石油企业协会发布的《中国油气产业发展分析与展望报告蓝皮书》。2030 年的目标值设定如下：石油、天然气进口的多元化指数均为 0.75，海外石油、天然气权益产量占国内进口的比例均为 40%左右。

后两类指标 α_5、α_6 则代表了我国创新完善能源国际合作方式方面的情况。为此，应坚持经济与外交并重、投资和贸易并举，推动资源开发与基础设施建设相结合。本章选择我国对外承包工程业务所完成营业额、与油气进口和投资合作密切的国家的外交关系两类二级指标。其中，我国对外承包工程业务所完成营业额体现了我国参与资源国基础设施建设情况，数据来自商务部网站，近年来这一指标为 1500 亿~1700 亿美元，由此将 2030 年的目标值设定为 2000 亿美元。对于我国与油气进口和投资合作密切国家的外交关系的衡量，则采用文献报告中较为常用、公认的外交关系衡量方法，即通过我国与不同国家外交关系程度的定位表述进行赋分，关系越好，赋值越高，赋值区间为[0,1]。未来我国仍将坚定不移地扩大开放，加强全方位国际合作有利于提升我国与伙伴国间的外交关系水平，因此至 2030 年，我国与油气进口和投资国间的外交关系整体水平仍将进一步提升，目标值设定为 0.75[①]。

6.1.2　畅通"一带一路"能源大通道

能源通道的关键在于巩固油气既有战略进口通道，加快新建能源通道，有效提高我国和沿线国家能源供应能力，全面提升能源供应互补互济水平。本章从能源通道建设，陆海通道安全合作机制，推动周边国家电力基础网络互联互通，能源基础设施固化布局、标准规范、经营管理的对接，共建境外能源经贸产业园区

---

① 此处目标值为未进行归一化处理之前的数据，下同。

等方面去剖析"一带一路"能源通道情况，共计筛选出 8 类二级指标进行评估，包括 α_7 陆上石油进口通道能力、α_8 陆上天然气进口通道能力、α_9 原油码头接卸能力、α_{10} LNG 接收站能力、α_{11} 通道安全合作机制级别变化、α_{12} 我国年进出口电量、α_{13} 油气管道和电网标准对接情况、α_{14} 能源经贸产业园区建设情况。

对于能源通道建设，从 4 类二级指标进行衡量，即陆、海通道的油、气运输能力，分别为陆上石油进口通道能力、陆上天然气进口通道能力、原油码头接卸能力、LNG 接收站能力，上述 4 类指标的数据均来自中国石油集团经济技术研究院发布的《国内外油气行业发展报告》。依据未来我国对油气的需要潜力，2030年目标值设定如下：陆上石油进口通道能力 7200 万吨、陆上天然气进口通道能力 1650 亿立方米、原油码头接卸能力 6.5 亿吨、LNG 接收站能力 1.5 亿吨。

为确保能源通道畅通，推动建立陆海通道安全合作机制，做好通道关键节点的风险管控，提高设施防护能力、战略预警能力以及突发事件应急反应能力，需建设安全畅通的能源输送大通道。选择通道安全合作机制级别变化作为陆海通道安全合作机制的表征指标，从历史维度，通过比较分析我国在跨境通道运维方面与他国的合作机制，对这一指标进行定量赋分，区间为[0,1]，其中 2030 年的目标值为最大值 1。

完善能源通道布局，加快推进"一带一路"沿线国家能源互联互通，推动周边国家电力基础网络互联互通，选择我国的年进出口电量作为衡量指标，数据来自全球贸易统计数据库。近年来我国电力进出口规模保持了年均 2%的增长率，2030 年其目标值为我国电力进出口贸易量达到 90 000 000 兆瓦时。

能源通道基础设施建设应坚持共商共建共享理念，与相关国家和地区共同推进能源基础设施规划布局、标准规范、经营管理的对接，加强法律事务合作，保障能源输送高效畅通。选择油气管道和电网标准对接情况作为我国与相关国家标准规范对接合作的评估指标，衡量我国在"一带一路"沿线国家跨境通道建设过程中标准和规范的兼容、互认、对接方面所取得的成绩，对其进行定量赋分，区间为[0,1]，近年来这一方面取得了较快的进展，指标处于 0.5～0.7 的水平范围，为此 2030 年的预期目标为实现更高水平的标准对接，期望值为 0.9。

共商共建共享还体现在以企业为主体，以基础设施为龙头，共建境外能源经贸产业园区。为此，选择我国在海外的能源经贸产业园区建设情况作为衡量指标，主要是我国在"一带一路"沿线国家产业园区的建设进展，依照具体情况对其进行定量赋分，区间为[0,1]。近年来我国在白俄罗斯、沙特阿拉伯陆续建成海外产业园区，使得该指标有了显著的提升，2019 年达到 0.4，为此 2030 年的目标值设定为 0.8。

6.1.3　深化国际产能和装备制造合作

该一级指标所反映的重点在于引技引智并举，拓宽合作领域，加大国际能源技术合作力度,推动能源产业对外深度融合,提升我国能源国际竞争力。共计选取了 5 类二级指标,包括 a_{15} 掌握先进技术的国外企业参与国内非常规油气勘探开发,a_{16} 矿业、电力等部门 FDI 变化,a_{17} 矿业、电力等部门对外直接投资变化,a_{18} 世界 500 强能源企业排名,a_{19} 入选美国《工程新闻纪录》"国际承包商 500 强"榜单的中国能源工程承包企业个数及综合排名等。

首先,引进国外先进的适用技术参与我国能源资源的开发与利用。选择掌握先进技术的国外企业参与国内非常规油气勘探开发作为衡量指标,根据我国每年引进来的国外先进企业数量与水平,通过定量赋分的形式评估我国在技术引进方面的情况,其中引进 1 个国际大公司计 0.1,0.5 封顶;引进 1 个独立石油公司计 0.05,0.5 封顶,最终值的赋分区间为[0,1]。近年来这一指标的水平为 0.4~0.6,2030 年的目标为进一步将其提升至 0.7。

其次,积极融入全球能源产业链,推动能源装备、技术、服务等"引进来""走出去"。选择 a_{16}、a_{17} 两类二级指标对此方面进行评估,其中矿业、电力等部门 FDI 变化,表征我国对国外能源生产和高效节能装备、技术、服务"引进来"的水平,数据来源于《中国统计年鉴》,单位为亿美元。矿业、电力等部门对外直接投资变化评估我国的能源生产和高效节能装备、技术、服务"走出去"水平,数据来源于《中国统计年鉴》,单位为亿美元。上述两指标 2030 年的目标值均设定为 100 亿美元。

最后,发挥比较优势,培育一批跨国企业,增强国际竞争力。选择了 2 类二级指标衡量我国跨国能源企业的建设情况,即世界 500 强能源企业排名和入选美国《工程新闻纪录》"国际承包商 500 强"榜单的中国能源工程承包企业个数及综合排名。其中,前者排名状况体现了我国跨国能源企业的综合实力,数据来源为《财富》世界 500 强排名,预期 2030 年入围世界 500 强中国能源企业达到 35 家。后者体现了我国跨国企业参与国际基础设施建设的竞争力,数据来源为《工程新闻纪录》官网,未来目标值为 2030 年我国"国际承包商 500 强"企业达到 100 家。

6.1.4　增强国际能源事务话语权

作为体现我国参与国际能源治理、国际能源事务话语权的指征,选择了 4 类二级指标,分别为 a_{20} 上海原油期货交易所交易量占全球交易量的比重、a_{21} 华人参与能源组织任职情况、a_{22} 我国参与的国际能源合作机制、a_{23} 我国参加 IPCC 的人数等。

首先,选择上海原油期货交易所交易量占全球交易量的比重、华人参与能源组织任职情况两类指标作为我国积极参与国际能源治理的体现,旨在推动全球能源治理机制变革,共同应对全球性挑战,打造命运共同体。其中前者的数据来源于新闻报道,市场份额采用绝对值,为了提升我国在国际能源市场的影响力,发挥我国油气进口大国应有的地位和作用,2030 年这一指标的目标值为上海原油期货交易额占布伦特的市场份额。后者来源于各国际能源组织的官网,每个职位赋分 0.05,2030 年的这一目标值为华人在国际能源组织中的任职人数达到 20 个,即总分为 1。

其次,我国参与的能源合作机制是体现参与全球能源治理的重要方面。因此,选择能源合作机制作为二级指标,根据我国与他国签订的双边能源合作机制的数量进行估算并赋分,区间为[0,1],近些年该指标的水平为 0.4～0.6,期望 2030 年提升至 0.8。

此外,作为引领全球能源革命的重要风向标,我国积极参与应对气候变化国际谈判,积极承担国际责任和义务。其中作为这一领域的国家影响力的重要反馈,选取了参加 IPCC 评估报告的人数,这一数据来自 IPCC 官网。由于目前美国是这一机制的主导者,因此以美国为标杆来评估我国在 IPCC 中的地位,即这一指标的取值为我国参与 IPCC 的人数与美国参与人数的比值,预期 2030 年的目标值为我国与美国的参加人数持平。

6.2　评估方法和主要结果

在获得各指标的原始数据以后,进一步对 23 个指标进行归一化处理。处理方法为根据 2015 年、2019 年的实际值,与 2030 年的目标值进行对比并取比值,最终得到了 23 项指标数据,具体如表 6-2 所示。

表 6-2　能源国际合作进展指标评估结果

序号	二级指标 α_i	2015 年	2019 年	2030 年
1	石油进口多元化指数	0.94	0.94	1
2	天然气进口多元化指数	0.66	0.79	1
3	海外石油权益产量占国内石油进口比例	1.03	0.82	1
4	海外天然气权益产量占国内天然气进口比例	1.68	0.98	1
5	对外承包工程营业额	0.77	0.86	1
6	我国与油气进口和投资合作密切的国家的外交关系	0.76	0.90	1
7	陆上石油进口通道能力	0.79	1.00	1
8	陆上天然气进口通道能力	0.41	0.64	1
9	原油码头接卸能力	0.82	0.92	1
10	LNG 接收站能力	0.27	0.51	1
11	通道安全合作机制级别变化	0.30	0.40	1
12	我国年进出口电量	0.28	0.30	1
13	油气管道和电网标准对接情况	0.56	0.78	1
14	能源经贸产业园区建设情况	0.25	0.50	1
15	掌握先进技术的国外企业参与国内非常规油气勘探开发	0.86	0.57	1

续表

序号	二级指标 α_i	2015 年	2019 年	2030 年
16	矿业、电力等部门 FDI 变化	0.25	0.57	1
17	矿业、电力等部门对外直接投资变化	1.34	0.93	1
18	世界 500 强能源企业排名	0.69	0.60	1
19	入选美国《工程新闻纪录》"国际承包商 500 强"榜单的中国能源工程承包企业个数及综合排名	0.65	0.75	1
20	上海原油期货交易所交易量占全球交易量的比重	0	0.16	1
21	华人参与能源组织任职情况	0.30	0.55	1
22	我国参与的能源合作机制	0.50	0.75	1
23	我国参加 IPCC 的人数	0.27	0.49	1

基于上述 23 项指标数据，将其视为等权重指标，对其求平均值，计算公式：$\varnothing = \frac{1}{23} \cdot \sum_{1}^{23} \alpha_i$，从而得到评估能源国际合作进展的最终指标，即能源国际合作进展指数 $\varnothing$。

根据上述指标体系，评估了我国的能源国际合作进展指数，最终得到了 2015 年、2019 年我国能源国际合作进展情况，并与 2030 年的目标值进行对比。2015 年我国能源国际合作进展指数为 0.62，2019 年增加至 0.68，同比增加 9.7%[①]（年均增长率为 2.3%）。2030 年将达到目标值 1，2019～2030 年的年均增长率为 3.5%。具体结果及其变化情况如表 6-3 所示。

表 6-3　能源国际合作进展各指标变化情况

一级指标	二级指标 α_i	2019 年/2015 年		2030 年/2019 年	
		一级指标变化	二级指标变化	一级指标变化	二级指标变化
实现海外油气资源来源多元稳定	石油进口多元化指数	91%	99%	88%	94%
	天然气进口多元化指数		119%		79%
	海外石油权益产量占国内石油进口比例		80%		82%
	海外天然气权益产量占国内天然气进口比例		59%		98%
	对外承包工程营业额		112%		86%
	我国与油气进口和投资合作密切的国家的外交关系		118%		90%
畅通"一带一路"能源大通道	陆上石油进口通道能力	138%	126%	63%	100%
	陆上天然气进口通道能力		157%		64%
	原油码头接卸能力		113%		92%
	LNG 接收站能力		187%		51%

① 本节中的数据均根据原始数据进行计算，并进行过四舍五入修约处理。

续表

一级指标	二级指标 a_i	2019 年/2015 年		2030 年/2019 年	
		一级指标变化	二级指标变化	一级指标变化	二级指标变化
畅通"一带一路"能源大通道	通道安全合作机制级别变化	138%	133%	63%	40%
	我国年进出口电量		108%		30%
	油气管道和电网标准对接情况		140%		78%
	能源经贸产业园区建设情况		200%		50%
深化国际产能和装备制造合作	掌握先进技术的国外企业参与国内非常规油气勘探开发	90%	67%	68%	57%
	矿业、电力等部门 FDI 变化		227%		57%
	矿业、电力等部门对外直接投资变化		70%		93%
	世界 500 强能源企业排名		88%		60%
	入选美国《工程新闻记录》"国际承包商 500 强"榜单的中国能源工程承包企业个数及综合排名		115%		75%
增强国际能源事务话语权	上海原油期货交易所交易量占全球交易量的比重	182%	—	49%	16%
	华人参与能源组织任职情况		183%		55%
	我国参与的能源合作机制		150%		75%
	我国参加 IPCC 的人数		180%		49%

6.2.1　2015～2019 年能源国际合作进展指数的各指标分析

从各一级指标来看，与 2015 年相比，2019 年我国能源国际合作进展指数出现一定程度的增加，提升了 9.4%。这主要缘于畅通"一带一路"能源大通道、增强国际能源事务话语权两方面，而其他的一级指标如实现海外油气资源来源多元稳定、深化国际产能和装备制造合作等方面则整体表现出稳中有降的趋势。

具体来看，增幅最大的一级指标为增强国际能源事务话语权方面，四年间的整体增幅为 82%，主要因素为 2018 年 3 月 26 日原油期货在上海期货交易所上海国际能源交易中心正式挂牌上市交易，并且近年来影响力持续增强。此外，我国参与的国际能源合作机制、华人参与能源组织任职情况、我国参加 IPCC 的人数均出现了 50%～83%不同程度的增加，提升幅度显著。

作为增幅第二位的一级指标，2015～2019 年畅通"一带一路"能源大通道的一级指标增加了 38%，各二级指标均出现了增长。其中，主要贡献来源于我国在"一带一路"沿线国家能源经贸产业园建设情况的快速推进，2017 年建成沙特阿拉伯吉赞工业园，使得该二级指标实现了 100%的跃升。其次为我国天然气进口通道的构建力度持续加大，包括陆上天然气进口通道能力（增幅 57%）和 LNG 接收站能力（增幅 87%）的建设，主要体现在以中俄天然气管道东线以及广西、广东、深圳、天津、浙江等地的 LNG 项目投产。此外，油气管道和电网标准对接情况、通道安全合作机制级别变化、陆上石油进口通道能力等二级指标也出现 26%～40%的增加。

对于实现海外油气资源来源多元稳定方面，该一级指标 2019 年较 2015 年减少 9%，可视作基本保持稳定。在具体的二级指标中，天然气进口多元化指数、对外承包工程营业额、我国与油气进口和投资合作密切的国家的外交关系等均呈现出 12%～19%的增加。其他指标均呈现不同程度的下降，尤其是海外石油、天然气权益产量占我国石油、天然气进口量的比例，下滑了 20%～41%。

深化国际产能和装备制造合作的整体下滑幅度为 10%。主要是掌握先进技术的国外企业参与国内非常规油气勘探开发，矿业、电力等部门对外直接投资变化，世界 500 强能源企业排名等方面均出现了 12%～32%的下滑，成为该一级指标整体下滑的主要原因。矿业、电力等部门 FDI 变化由 2015 年的 24.9 亿美元增加至 2019 年的 56.5 亿美元，增加了 1.3 倍，成为阻止该一级指标进一步下滑的最大动力，此外入选美国《工程新闻记录》"国际承包商 500 强"榜单的中国能源工程承包企业个数及综合排名呈现出了 15%的上升幅度，有效缓解了其他二级指标的下滑趋势的影响。

6.2.2 2019～2030 年能源国际合作进展指数的各指标发展分析

2019 年我国能源国际合作进展指数与 2030 年目标值相比相差 46%。从一级指标来看，2019 年至 2030 年，推进我国能源国际合作进展的任务依然艰巨，尤其是在增强国际能源事务话语权方面，还需要提升 51%，畅通"一带一路"能源大通道、深化国际产能和装备制造合作方面与规划值分别存在 37%、32%的差距，而在实现海外油气资源来源多元稳定方面，要做的工作最少，但仍有 12%的提升空间。

具体来看，在增强国际能源事务话语权的二级指标方面，大幅度提高上海原油期货交易所交易量占全球交易量的比重，是发展重点，与目标值比，该二级指标的提升空间达到 84%。其次为我国参加 IPCC 的人数，还有 51%的差距以待弥补。其他二级指标的提升潜力为 25%～45%。

对于深化国际产能和装备制造合作方面，除了矿业、电力等部门对外直接投资变化可基本保持常速发展以外，其他二级指标均有 25%～43%的发展空间。

在畅通"一带一路"能源大通道方面，我国的石油通道规模（包括陆上石油进口通道能力和原油码头接卸能力）已基本达到规划目标，未来发展潜力不大，但我国年进出口电量、通道安全合作机制级别变化仍是该一级指标提升发展的发力点，与目标值比，上述两项二级指标的增长空间达到 60%～70%。其次为能源经贸产业园区建设情况、LNG 接收站能力，当前两指标与 2030 年的期望值仍有约 50%的差距。其他二级指标与 2030 年目标值的差距大部分介于 22%～36%。

对于实现海外油气资源来源多元稳定方面，有必要进一步加大天然气进口多元化指数、海外石油权益产量占国内石油进口比例，二者的提升空间均约为 20%，而对外承包工程营业额也有 14%的差距。

6.3　研究小结与建议

"一带一路"倡议与"四个革命、一个合作"战略直接推动了我国的能源革命，各指标整体呈现出增长的态势。2015～2019 年，我国能源国际合作进展指数从 0.62 提升到 0.68，在畅通"一带一路"能源大通道和增强国际能源事务话语权两方面表现突出。与未来预期比较，在构建多元化供应格局、能源通道建设以及推动能源生产和高效节能装备、技术、服务"走出去"等方面的一些指标甚至已实现了较高的水平。

为全方位、高质量推进我国的能源革命，2019 年至 2030 年能源行业的发展任重而道远，诸多二级指标所涉及的领域均有必要加速推进，甚至不乏通过出台政策刺激的方式。为实现既定目标，尤其需要加强上海原油期货交易所交易量占全球交易量的比重、我国年进出口电量、通道安全合作机制级别变化、我国参加IPCC 的人数等四方面的工作，与 2030 年的既定目标比，上述各指标的提升潜力均大于 50%。在能源经贸产业园区建设情况、油气管道和电网标准对接情况、天然气进口能力（包括陆上天然气进口通道能力、LNG 接收站能力）、掌握先进技术的国外企业参与国内非常规油气勘探开发以及矿业、电力等部门 FDI 变化、我国能源企业在全球的竞争力（包括世界 500 强能源企业排名、入选美国《工程新闻记录》"国际承包商 500 强"榜单的中国能源工程承包企业个数及综合排名）、华人参与能源组织任职情况、我国参与的能源合作机制、天然气进口多元化指数等方面还有较大的发展潜力，各指标的提升空间为 22%～50%。除此以外，按照现有发展方式，其他的二级指标可基本实现 2030 年的预期目标。

参 考 文 献

郭建民, 郑憨. 2019. 开展国际产能合作评估指标体系及实证研究[J]. 宏观经济研究, (9): 80-87, 101.

刘丹, 王迪, 赵蔷, 等. 2015. "制造强国"评估指标体系构建及初步分析[J]. 中国工程科学, 17 (7): 96-107.

刘佳骏. 2021. 中国海外合作产业园区高质量建设评估体系研究[J]. 国际经济合作, (3):

59-67.

沈艳波, 王崑声, 马雪梅, 等. 2020. 科技强国评估指标体系构建及初步分析[J]. 中国科学院院刊, 35 (5): 593-601.

田晖, 王静. 2021. 我国与"一带一路"沿线国家产业国际竞争力分析[J]. 统计与决策, 37 (3): 134-138.

王珺, 曹阳, 王玉生, 等. 2021. 能源国际合作保障我国能源安全探讨[J]. 中国工程科学, 23 (1): 118-123.

张奇. 2018. 我国能源生产与消费革命的挑战与展望[J]. 国家治理, (33): 3-12.

张志强, 田倩飞, 陈云伟. 2018. 科技强国主要科技指标体系比较研究[J]. 中国科学院院刊, 33 (10): 1052-1063.

第 7 章

极端情景下最低油气进口需求
测算及应对

在当前全球地缘政治格局深刻变革的历史背景下，我国油气进口安全面临重大潜在风险。本章通过设定三种地缘政治冲突极端情景，分析了不同情景下的油气需求缺口，从应对石油断供的宏观经济损失的视角，构建了最优石油储备决策模型，分新冠疫情消退和新冠疫情反复两种情况，对不同情景下的最优储备规模进行分析。分行业测算我国 2035 年前的油气最低需求，以及极端情景下我国油气最低需求缺口，并提出针对性对策建议。

7.1 情 景 设 定

当前世界正处于百年未有之大变局，新冠疫情更是深刻改变了世界地缘政治格局，逆全球化、资源国政府倒台等地缘政治风险突出，给油气供给侧带来重大不确定性。我国油气对外依存度高，地缘政治的不确定性可能导致重要的能源运输路线中断等，对我国能源安全特别是油气的供应和经济安全有重大影响。根据我国油气进口面临的主要风险判断，本章设定海上部分中断、海上全面断供和海陆全面断供三种情景，分析三种情景下我国石油储备的最佳规模及最低能源进口需求。

情景一：海上部分中断（中东战争导致海上部分断供），指中东爆发全面战争，波斯湾封锁，我国自中东的油气进口中断，其余进口通道畅通。

情景二：海上全面断供（西方制裁导致海上全面断供），指中国台湾或南海军事危机，大陆受西方全面制裁，海上油气进口通道基本中断，仅中俄、中亚等陆上进口管道畅通。

情景三：海陆全面断供（战争或封锁导致海陆全面断供），指爆发南海战争，或我国被西方全面制裁，海上和陆上油气进口通道均被封锁。

7.2　极端情景下油气正常需求缺口测算

根据中国石油经济技术研究院《2050 年世界与中国能源展望》,如表 7-1 所示,2025 年、2030 年和 2035 年,我国石油消费量处于峰值平台期,分别为 7.2 亿吨、7.1 亿吨和 7.0 亿吨;石油产量在"七年行动计划"的引领下,逐步恢复并保持在 2.0 亿吨。天然气需求量快速增长,分别为 4250 亿立方米、5250 亿立方米和 6250 亿立方米;天然气生产量稳步增长,分别为 2300 亿立方米、2800 亿立方米和 3000 亿立方米。

表 7-1　2025 年、2030 年、2035 年石油和天然气消费量、生产量与进口量预测

指标	石油/亿吨			天然气/亿米^3		
	2025 年	2030 年	2035 年	2025 年	2030 年	2035 年
消费量	7.2	7.1	7.0	4250	5250	6250
生产量	2.0	2.0	2.0	2300	2800	3000
进口量	5.2	5.1	5.0	1950	2450	3250
陆上进口量	0.6	0.6	0.6	950	1250	1500
海上进口量	4.6	4.5	4.4	1000	1200	1750
中东进口量	2.3	2.3	2.2	120	200	200

注：石油和天然气的消费量、生产量数据来源于中国石油经济技术研究院《2050 年世界与中国能源展望》

若石油和天然气出口量忽略不计,进口量=消费量−生产量。2025 年、2030 年和 2035 年,我国石油正常进口需求分别为 5.2 亿吨、5.1 亿吨和 5.0 亿吨,基于进口管道规模和油源情况测算,未来石油陆上进口量将从 2021 年的 5000 万吨左右上升至 6000 万吨,并保持稳定,海上进口量将分别为 4.6 亿吨、4.5 亿吨和 4.4 亿吨。2025 年、2030 年和 2035 年,我国天然气正常进口需求分别为 1950 亿立方米、2450 亿立方米和 3250 亿立方米,根据进口管道建设规划和合同量预测,天然气陆上进口量分别为 950 亿立方米、1250 亿立方米和 1500 亿立方米,海上进口量将分别为 1000 亿立方米、1200 亿立方米和 1750 亿立方米。

西方制裁导致海上断供时,可通过紧急措施将进口量稳定在 1.22 亿吨。如表 7-2 所示,海上全面断供危机爆发时,中国可额外增加从中哈原油管道、中缅原油管道和俄罗斯科兹米诺港的进口,再加上原本就满负荷运营的中俄原油管道及复线,年进口量可达 1.22 亿吨。但天然气受制于气源限制,额外增加进口的能力有限,仍维持表 7-1 中的陆上进口量。

表 7-2   海上全面断供危机下的石油进口

渠道	紧急进口量/亿吨
中俄原油管道及复线	0.30
俄罗斯科兹米诺港	0.50
中哈原油管道	0.20
中缅原油管道	0.22
合计	1.22

因此，在极端情景下，我国油气正常需求缺口如表 7-3 所示。

表 7-3   2025 年、2030 年、2035 年油气正常需求缺口

地缘政治情景	2025 年		2030 年		2035 年	
	原油/亿吨	天然气/亿米³	原油/亿吨	天然气/亿米³	原油/亿吨	天然气/亿米³
海上部分中断	2.30	120	2.30	200	2.20	200
海上全面断供	3.98	1000	3.88	1200	3.78	1750
海陆全面断供	5.20	1950	5.10	2450	5.00	3250

7.3   极端情景下石油储备规模最优决策

石油断供直接影响国民经济发展和国家经济安全，造成宏观经济损失。假定基准情景为无新冠疫情且地缘政治稳定，根据北京理工大学能源与环境政策研究中心自主开发的中国能源与环境政策分析（China Energy and Environmental Policy Analysis，CEEPA）系统的计算结果（Liang et al.，2014），图 7-1 分别给出了未来新冠疫情消退和新冠疫情反复两种情况下，我国出现不同地缘政治情景时相对于

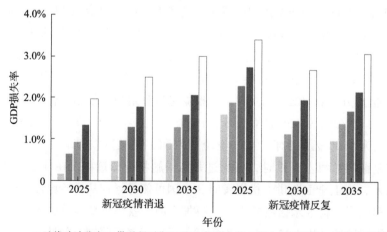

图 7-1   不同地缘政治情景下相对基准情景的 GDP 损失率预测

基准情景的 GDP 损失率。为了便于比较，除了上述海上部分中断、海上全面断供和海陆全面断供三种石油断供情景外，增加了地缘政治稳定和供需紧平衡两种石油没有断供的情景。

石油储备是减少因潜在的石油短缺而造成宏观经济损失的有效途径，当前我国石油储备总规模约 9000 万吨，这仅相当于 63 天石油净进口量，随着战略石油储备第三期的建设，石油储备规模还将继续扩大。但是，扩大石油储备是有成本的，我们需要在增加石油储备成本和减少短缺损失之间实现平衡，从而最小化石油储备总成本，优化石油储备规模。本节从应对石油断供的宏观经济损失的视角，构建最优石油储备决策模型，并分新冠疫情消退和新冠疫情反复两种情况，分别对不同地缘战略情景下的最优储备规模进行分析。

石油储备成本直接受到国际油价的影响，根据中国石油集团经济技术研究院及 IHS（Information Handing Services，信息处理服务）公司的情景分析数据库，在基准情景（无新冠疫情且地缘政治稳定）下，将 2020 年、2025 年、2030 年和 2035 年的国际油价分别设定为 55.0 美元/桶、56.4 美元/桶、70 美元/桶和 70 美元/桶。但是，进入 2020 年以后，受到新冠疫情和全球经济衰退的影响，国际油价从接近 70 美元/桶开始下跌，一度低于 10 美元/桶，4 月下旬开始回升，下半年维持在 40～50 美元/桶，最终 2020 年布伦特油价全年平均值为 42.3 美元/桶。若 2025 年前新冠疫情消退，则预测未来油价与基准情景一致；若 2025 年前新冠疫情反复，需求增长疲软，则油价为同期新冠疫情消退情形的 0.8 倍（根据 2008 年金融危机前后油价变化趋势设定），2025 年后恢复至基准情景水平。

7.3.1　最优石油储备规模决策模型

令 TC(Q)表示石油储备量为 Q 时的总期望成本函数，则我们的目标就是要使其最小化（Samouilidis and Berahas，1982；Wei et al.，2008），即

$$\min_{Q} TC(Q) \tag{7-1}$$

因为最优石油储备规模往往是在固定的几个储备规模中进行选择，不妨将式(7-1)中的总期望成本表示为离散形式，即第 t 年石油储备量为 Q_j 时的总期望成本表示为

$$TC_{j,t} = SC_{j,t} + EGL_{j,t} \tag{7-2}$$

其中，$SC_{j,t}$ 表示第 t 年石油储备量为 Q_j 时的储备成本；$EGL_{j,t}$ 表示相应的石油短缺期望损失。石油储备成本包括石油进口成本、储备库建设成本和运营成本：

$$SC_{j,t} = IC_{j,t} + RC_{j,t} + OC_{j,t} \tag{7-3}$$

其中，$IC_{j,t}$ 表示进口成本，$IC_{j,t} = P_t \cdot \max(0, Q_j - I_t)$，$P_t$ 表示第 t 年的油价，I_t 表

示第 t 年的初始石油储备，此处为当前的石油储备规模；$RC_{j,t}$ 表示储备库建设成本，$RC_{j,t} = c \cdot \max(0, Q_j - I_t)$，$c$ 表示单位建设成本，取 22.7 美元/桶（中国石油四川石化有限责任公司，2008；青岛中油华东院安全环保有限公司，2018）；$OC_{j,t}$ 表示运营成本，$OC_{j,t} = i_t \cdot P_t \cdot \max(Q_j, I_t)$，$i_t$ 为折旧率，取 0.1（Samouilidis and Berahas，1982）。

石油短缺的期望损失是出现地缘政治稳定、供需紧平衡、海上部分中断、海上全面断供和海陆全面断供五种地缘政治情景下的 GDP 损失的数学期望：

$$EGL_{j,t} = \sum_{k=1}^{5} \rho_{k,t} \cdot GL_{j,k,t} \qquad (7\text{-}4)$$

其中，$\rho_{k,t}(k=1,2,3,4,5)$ 表示第 t 年出现第 k 种地缘政治情景的概率；$GL_{j,k,t}$ 表示在石油储备量为 Q_j 时，第 t 年在第 k 种情景下相对基准情景（无新冠疫情且地缘政治稳定）的 GDP 损失量。

7.3.2 石油短缺的 GDP 损失量估计

不同情景下的 GDP 损失量 $GL_{j,k,t}$ 是由石油储备和石油短缺所共同决定的，只要得到 GDP 损失率即可求得损失量。GDP 的损失率与石油短缺比例之间存在幂函数关系（Samouilidis and Berahas，1982），不妨设其为式（7-5）所示形式：

$$\frac{GL_{j,k,t}}{GDP_t} = \begin{cases} a_t + b_t \times \left[\dfrac{S_{k,t} - \max(Q_j, I_t)}{D_t} \right]^{e_t}, & S_{k,t} > \max(Q_j, I_t) \\ a_t, & \text{其他} \end{cases} \qquad (7\text{-}5)$$

其中，$\dfrac{S_{k,t} - \max(Q_j, I_t)}{D_t}$ 表示短缺比例；$S_{k,t}$ 表示第 t 年在第 k 种情景下的石油断供量；D_t 表示第 t 年的石油需求量；b_t, e_t 表示待估计参数。

由于在地缘政治稳定和供需紧平衡两种情景下均不存在石油短缺，因此不妨对 a_t 进行如此设置：若 $k=1$，定义其为地缘政治稳定情景下的 GDP 损失率；若 $k=2,3,\cdots,5$，定义其为供需紧平衡情景下的 GDP 损失率。根据表 7-3 和图 7-1 中关于不同地缘政治情景下的石油断供情况和 GDP 损失率的预测数据，通过估计式（7-5）即可得到新冠疫情消退和反复两种情况下，出现不同短缺时的 GDP 损失率，如图 7-2 所示。

7.3.3 模型的决策树求解

为了求解模型（7-1），我们将式（7-2）～式（7-4）整理为如图 7-3 所示的决

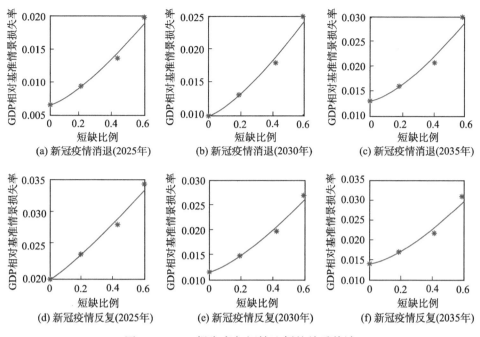

图 7-2　GDP 损失率与短缺比例的关系估计

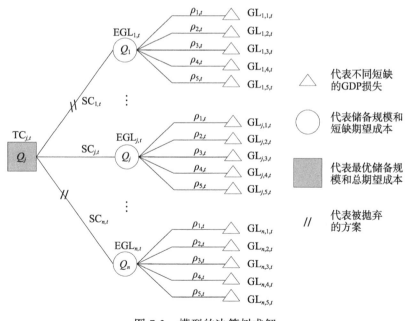

图 7-3　模型的决策树求解

策树形式。从后逆推我们可以看到：首先通过对不同短缺情况下的 $GL_{j,k,t}$ 求数学期望得到不同储备规模下的短缺期望损失，然后将短缺期望损失与储备成本求和得到不同储备规模的总期望成本，最后通过比较不同储备规模下的总期望成本的大小，求出最优储备规模。

7.3.4　我国最优石油储备规模

假定 2025 年必然发生五种地缘政治情景中的一种，根据本节所建立的最优石油储备规模决策模型，表 7-4 分别展示了新冠疫情消退和新冠疫情反复两种情况下，不同情景的理论最优储备规模。可以看到，在地缘政治稳定和供需紧平衡情景下，无论是新冠疫情消退还是新冠疫情反复，由于不存在石油短缺，储备量跟初始储量（63 天净进口量）相同。

表 7-4　不同地缘政治情景下的理论最优储备规模（2025 年）

新冠疫情情况	地缘政治情景	最优储备天数/天	最优储备量/万吨	与初始储量相比/亿美元		
				石油储备成本增加	短缺期望损失减少	损失减少
新冠疫情消退	地缘政治稳定	63	9 000	0	0	0
	供需紧平衡	63	9 000	0	0	0
	海上部分中断	63	9 000	0	0	0
	海上全面断供	150	21 370	713.99	786.50	72.51
	海陆全面断供	236	33 622	1 421.17	1 682.35	261.18
新冠疫情反复	地缘政治稳定	63	9 000	0	0	0
	供需紧平衡	63	9 000	0	0	0
	海上部分中断	132	18 805	521.30	585.56	64.26
	海上全面断供	250	35 616	1 415.04	1 750.48	335.44
	海陆全面断供	335	47 726	2 058.84	2 664.92	606.08

在新冠疫情消退情况下，若预判仅出现海上部分中断，由于增加石油储备的成本将大于减少的宏观经济损失，不应该扩大石油储备。若预判出现海上全面断供或海陆全面断供，则最优储备规模分别为 150 天和 236 天的 2025 年净进口量，综合考虑石油储备成本和短缺期望损失，增加石油储备比维持当前储备规模分别减少 72.51 亿美元和 261.18 亿美元的损失。

在新冠疫情反复情况下，海上部分中断、海上全面断供、海陆全面断供情景下的最优储备规模分别为 132 天、250 天和 335 天的 2025 年净进口量，远高于新冠疫情消退的情况，接近于相应的断供量。这主要是因为在新冠疫情反复的情况下，油价在 2025 年前处于低位，使得储备成本大大小于短缺损失，因此鼓励通过尽可能多地储备石油来减少因石油短缺所造成的宏观经济损失。综合考虑石油储备成本和短缺期望损失，三种断供情景下增加石油储备比维持当前储备规模分别减少 64.26 亿美元、335.44 亿美元和 606.08 亿美元的损失。

需要指出的是，除了维持初始储量的情景外，其他情景下的理论最优储备规模均远高于 63 天净进口量的初始储量，很难在短期内完成，且短期内大量收储将刺激国际油价上升，进而增加储备成本。因此，除了新冠疫情消退下的海上部分中断情景之外，我们认为只要预判在 2025 年前必然发生海上全面断供或海陆全面断供，均应在保证不对国际油价产生较大影响的前提下尽可能多地增加储备以减少潜在的宏观经济损失。

由于我们并不能百分之百地预判必然出现哪种断供情景，根据不同情景出现的难易程度，并结合我们对未来地缘政治情景的预判，设定未来发生海上部分中断、海上全面断供、海陆全面断供的概率分别为 0.5、0.3 和 0.2，从而得到 2025 年、2030 年和 2035 年的最优石油储备规模如表 7-5 所示。可以看到，若未来新冠疫情消退，2025 年、2030 年和 2035 年的理论最优储备规模分别为 93 天、148 天和 158 天的当年净进口量，分别比维持初始储量减少期望损失 10.13 亿美元、458.29 亿美元和 1256.04 亿美元；若未来新冠疫情反复，2025 年、2030 年和 2035 年的理论最优储备规模分别为 158 天、161 天和 164 天的当年净进口量，将分别比维持初始储量减少期望损失 149.87 亿美元、1060.16 亿美元和 1375.94 亿美元。需要指出的是，在新冠疫情反复的情况下，2025 年、2030 年和 2035 年的理论最优储备规模实际上是一样的，只是由于当年净进口量不同才造成了储备天数的细微差异，这进一步说明了应该尽可能地多补仓。

表 7-5　2025 年、2030 年和 2035 年的最优石油储备规模

新冠疫情情况	年份	最优储备天数/天	最优储备量/万吨	与初始储量相比/亿美元		
				石油储备成本增加	短缺期望损失减少	损失减少
新冠疫情消退	2025	93	13 249	245.27	255.40	10.13
	2030	148	20 658	530.02	988.31	458.29
	2035	158	21 655	133.98	1 390.02	1 256.04
新冠疫情反复	2025	158	22 510	718.23	868.10	149.87
	2030	161	22 510	56.99	1117.15	1 060.16
	2035	164	22 510	69.32	1445.26	1 375.94

7.4　极端情景下最低油气需求测算

本节对我国中长期各行业油气消费需求进行分析预测。对我国未来的经济、人口、能源政策、能源技术进步等方面进行假设。在经济方面，预计 2021～2030 年 GDP 年均增长 5.5% 左右，2031～2035 年 GDP 年均增长 4.5% 左右。在人口方面，综合考虑经济发展带来生育率下降和老龄化趋势等因素，预计 2025～2030 年

人口总量将达峰至 14.5 亿左右，2050 年逐步下降至 14 亿。在能源政策方面，包括新能源汽车的鼓励政策、天然气价格改革政策、逐步落实的碳排放税政策等。在能源技术方面，包括汽车燃油经济性提高、燃气轮机国产化水平取得突破等。

7.4.1 极端情景下石油最低需求测算

1. 分行业石油需求测算

本节分交通运输业、工业、建筑业、农业、居民和其他 6 个行业部门对石油需求进行预测。

$$D_{i,\text{oilall}} = \sum_j \sum_k D_{i,j,k}(\text{gdp}_i, \text{pop}_i, \text{tec}_{i,j,k}, \text{res}_{i,j,k})$$

其中，i 表示年份；$D_{i,\text{oilall}}$ 表示第 i 年的石油需求总量；j=1, 2, …, 6 分别表示交通运输业、工业、建筑业、农业、居民和其他 6 个行业部门；k 表示第 k 个用油领域；$D_{i,j,k}$ 表示第 i 年 j 部门 k 领域的用油需求；gdp_i 和 pop_i 分别表示第 i 年的 GDP 和人口数；$\text{tec}_{i,j,k}$ 和 $\text{res}_{i,j,k}$ 分别表示第 i 年 j 部门 k 领域的用油节约水平和新能源替代水平。

（1）交通运输业用油将稳中有降。交通运输业用油领域包括公路（不含居民私家车）、航空、水运、铁路等，2018 年用油 2.33 亿吨，2010～2018 年年均增长 5.2%。未来，公路用油在 2025 年前上升，之后逐步下降；水路方面基本保持稳定；航空用油将持续增长；铁路随着电气化的快速发展，未来用油需求很低。综合来看，2025 年、2030 年和 2035 年，我国交通运输业石油需求量分别为 2.5 亿吨、2.4 亿吨和 2.3 亿吨。

（2）工业用油将先升后稳。工业用油主要是指以石油及其产品作为燃料，以及作为生产生活辅助材料的领域，包括柴油、燃料油、液化石油气中用于工业燃烧的领域，也包括润滑油、石油焦用于汽车和氧化铝行业的部分，此外还包括化工用油等。2018 年，我国工业用油达 2.25 亿吨，2010～2017 年年均增长率达 2.4%，其中化工用油快速增长，其他领域总体用油稳定。未来随着我国进入工业化后期，化工用油将继续快速攀升，而其他生产用油呈减少趋势。综合看，2025 年前我国化工用油快速增长，工业石油需求量将增长至近 3 亿吨，之后化工用油增速与其他生产用油减少基本持平，工业石油需求量总体保持在 3 亿吨。

（3）建筑业用油将稳中有增。建筑业用油包括建筑机械用油和建筑沥青等，2018 年消费量为 0.39 亿吨，2010～2017 年年均增长 5.9%。我国经济投资强度仍然较大，未来将维持一定规模增长，建筑机械用油保持增长；目前一半以上沥青用于道路维护，随着我国道路里程的增加，维护用量将保持在较大规模。综合来看，2025 年、2030 年和 2035 年，我国建筑业石油需求量分别为 4000 万吨、4200 万吨和 4400 万吨。

（4）农业用油将稳中有降。农业用油主要包括农业机械、农用车等领域，2018

年农业用油 0.17 亿吨，2010～2017 年年均增长 2.8%。未来农机总动力仍将稳步增长，带动柴油消费小幅增加，但农用车消费量将随着农村生活生产转型逐步下降，农用车客运功能将部分被私家车替代，农村生产规模化将提高生产运输效率，减少用油需求。综合看，2025 年、2030 年和 2035 年，我国农业石油需求量分别为 1700 万吨、1600 万吨和 1500 万吨。

（5）居民用油将总体稳定。居民用油主要为居民私家车用油和液化石油气。2018 年居民用油为 0.73 亿吨，2010～2017 年年均增长 9.5%。未来居民私家车用油仍将继续增长，但增速将逐步放缓，由于天然气替代，未来居民对液化石油气的消费将有所萎缩，综合来看，2025 年、2030 年和 2035 年，我国居民石油需求量总体保持在 8000 万吨的水平。

综上，如图 7-4 所示，我国 2025 年、2030 年和 2035 年石油需求分别为 7.2 亿吨、7.1 亿吨和 7 亿吨，2025～2030 年石油需求达峰。

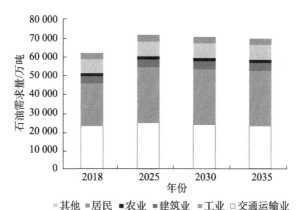

图 7-4 各行业石油需求和总量预测

资料来源：Wind 数据库

2. 石油最低需求算例

本节采用最低用油需求系数法，对极端情景下，我国石油最低需求进行计算示例。按保证维持我国经济社会基本稳定和保障城乡基本生活要求的原则，确定各行业最低用油需求系数，如表 7-6 所示。

表 7-6 各行业最低用油需求系数

行业	最低用油需求系数	行业	最低用油需求系数	行业	最低用油需求系数
交通运输业	50%	建筑业	50%	居民	80%
工业	40%	农业	75%	其他	50%

（1）交通运输业最低用油需求系数取 50%。极端情景下，类比 2020 年新冠疫情最严重时期，我国交通运输业用油需求约为 50%。

（2）工业最低用油需求系数取 40%。用于燃烧的用油大部分可以用煤炭、电力等其他能源替代，而作为辅助材料的需要尽可能保留；化工下游制品中约有 50%用于出口，极端情景下可停止出口，此外，生活塑料、衣物可适当提高利用效率，加大回收力度。

（3）建筑业最低用油需求系数取 50%。建筑机械部分可以改用电；建筑沥青对于维持道路、机场、建筑正常使用较为重要，但极端情景下也可用水泥等其他材料替代。

（4）农业最低用油需求系数取 75%。极端情景下，农业机械用油必须保障，而农用车主要起到农村客运功能，可以其他方式替代，按 50%比例计算。

（5）居民最低用油需求系数取 80%。私家车可以部分用公共交通替代，液化石油气关系民生，不能减少。

综上，如图 7-5 所示，2018 年我国最低石油需求量约为 3.15 亿吨，2025 年、2030 年、2035 年最低石油需求量分别为 3.58 亿吨、3.53 亿吨、3.48 亿吨。

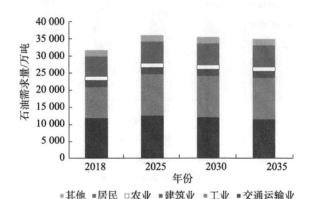

图 7-5　各行业石油最低需求和总量预测

7.4.2　极端情景下天然气最低需求测算

1. 分行业天然气需求测算

本节分采掘业、石油加工业、化工业、制造业、发电供热、交通运输业、居民和其他 8 个行业部门对天然气需求进行预测。

$$D_{i,\text{gasall}} = \sum_j \sum_k D_{i,j,k}(\text{gdp}_i, \text{pop}_i, \text{pol}_{i,j}, \text{gp}_i, \text{gto}_i, \text{gtc}_i, \text{gic}_i, c_{i,j,k}, \text{tax}_i)$$

其中，i 表示年份；$D_{i,\text{gasall}}$ 表示第 i 年的总天然气需求量；$j=1,\cdots,8$ 分别表示采掘

业、石油加工业、化工业、制造业、发电供热、交通运输业、居民和其他 8 个行业部门；k 表示第 k 个使用天然气的领域；gdp_i 和 pop_i 分别表示第 i 年的 GDP 和人口数；$pol_{i,j}$ 表示第 i 年 j 部门的行业政策；gp_i 表示第 i 年的天然气价格；gto_i 表示第 i 年天然气价格与石油价格的比值；gtc_i 表示第 i 年天然气与煤炭价格的比值；gic_i 表示第 i 年天然气基础设施累计投资成本；$c_{i,j,k}$ 表示第 i 年 j 部门 k 领域的单位燃机投资和维修成本；tax_i 表示第 i 年的天然气碳排放税。

以采掘业为例，其天然气需求为

$$D_{i,\mathrm{mining}} = \sum_k D_{i,k}(\mathrm{gdp}_i, \mathrm{pop}_i, \mathrm{pol}_i, \mathrm{gp}_i, \mathrm{gto}_i, \mathrm{gtc}_i, \mathrm{gic}_i, c_{i,k}, \mathrm{tax}_i)$$

其中，$D_{i,\mathrm{mining}}$ 表示第 i 年采掘业的天然气需求量；k 表示采掘业不同的作业方式；$c_{i,k}$ 表示第 i 年第 k 种作业方式的燃机投资和维修成本。

（1）采掘业用气需求增量有限。天然气与原油产量是决定采掘业用气最为直接的因素。2010～2018 年，采掘业天然气消费年均增速为 4.0%，2018 年消费量184 亿立方米。从中长期看，我国原油产量增量有限，天然气产量保持稳健增量，采掘业用气需求总体增量有限。预计 2025 年、2030 年和 2035 年，用气需求分别达到 210 亿立方米、230 亿立方米和 240 亿立方米。

（2）石油加工业用气需求将稳中有增。石油加工业用气量与石油加工量显著相关，主要受石油消费驱动。2010～2018 年，石油加工业天然气消费年均增速为21%，2018 年消费量为 188 亿立方米。未来在环保政策要求下，油品质量不断提升，加氢等油品精制工艺需求增加。预计中长期我国石油加工业用气需求小幅增长，2025 年、2030 年和 2035 年，用气需求分别达到 240 亿立方米、250 亿立方米和 260 亿立方米。

（3）化工业用气短期内难以增长，如果技术突破，可能成为新的增长点。2010～2018 年，化工业天然气消费量年均增速为 7.1%，2019 年消费量为 325 亿立方米。受行业整体景气度不高、产能过剩问题突出等因素影响，国内气头化肥企业投资积极性较差，总体判断，中长期气头化肥产能难以大规模扩张，产能利用维持较低水平。不过，若天然气制烯烃等新型化工领域实现技术突破，未来或将成为用气增长点。预计 2025 年、2030 年和 2035 年，用气需求分别达到 320 亿立方米、320 亿立方米和 350 亿立方米。

（4）制造业用气增长空间大，预计 2035 年将较 2018 年翻一番。近几年，国家环保政策大力支持工业领域"煤改气"，部分地区对使用高污染燃料的工业企业实行限产、停产，推动工业领域燃料升级，作为工业燃料，天然气用气量快速提升。2010～2018 年，制造业天然气消费量年均增速达到 24%，2018 年消费量为746 亿立方米。从中长期来看，环保政策、控煤限煤政策仍是推动我国工业领域气代煤的重要动力。在工业领域散煤占比较高，天然气替代空间大。预计 2025 年、

2030 年和 2035 年，用气需求分别达到 1050 亿立方米、1350 亿立方米和 1550 亿立方米。

（5）发电供热用气增长空间最大，预计 2035 年将较 2018 年翻两番。近年来，我国天然气发电供热产业快速发展，2010～2018 年，发电供热天然气消费量年均增速达到 12.8%，2018 年消费量为 497 亿立方米。从中长期来看，我国气电发展机遇与挑战并存。在机遇方面，气电在配合可再生能源调峰、替代煤电及散煤等方面有较大空间，国际天然气市场总体供过于求，气源保障程度较"十三五"时期改善；但同时，气电仍面临低成本煤电的竞争，且政策环境不确定性较大，中长期储能的商业化应用也将对气电构成竞争（樊慧等，2015）。预计 2025 年、2030 年和 2035 年，用气需求分别达到 950 亿立方米、1350 亿立方米和 1700 亿立方米。

（6）交通运输业用气增长潜力大，预计 2035 年将较 2018 年翻一番。2010～2018 年，交通领域天然气消费量年均增速为 12.6%，2018 年消费量为 347 亿立方米。未来国家环保政策、天然气与成品油的比价关系、宏观经济形势下货运市场需求等将成为决定天然气汽车发展的关键。分类型看，国家大力推动电动汽车发展，未来 CNG 汽车用气将呈现下降趋势；在《重型柴油车污染物排放限值及测量方法（中国第六阶段）》等环保政策的推动下，将有大量 LNG 重型货车替代柴油重型货车，成为推动交通用气增长的主要方面；在 LNG 船舶方面，国家支持在航运领域推广应用新能源和清洁能源，LNG 船舶将迎来发展机遇期。综合判断，未来交通用气增长潜力仍较大，用气量将主要由 LNG 重型货车和 LNG 船舶驱动。预计 2025 年、2030 年和 2035 年，用气需求分别达到 500 亿立方米、650 亿立方米和 800 亿立方米。

（7）居民用气随着管网完善稳步提高。2010～2018 年，居民用气消费年均增速为 9.5%，2018 年消费量为 468 亿立方米。居民用气是国家政策优先鼓励的天然气利用领域，保障民生用气是各级政府部门改善民生的重要任务之一，未来天然气在民用领域的燃料地位将继续加强。随着我国天然气管网建设稳步推进，预计我国用气人口将不断增长，2025 年、2030 年和 2035 年分别可达 5.5 亿、6.5 亿和 7.5 亿，用气需求分别达到 700 亿立方米、800 亿立方米和 950 亿立方米。

综上，如图 7-6 所示，2025 年、2030 年和 2035 年我国天然气需求分别为 4250 亿立方米、5250 亿立方米和 6250 亿立方米。

2. 天然气最低需求测算

按保证维持我国经济社会最基本稳定和保障城乡基本生活要求的原则，确定各行业最低用气需求系数，如表 7-7 所示。

（1）采掘业最低用气需求系数取 100%。采掘业用气主要是用气发电，提供能源、矿产生产所需的电力。在极端情景下，需保障国内能源的生产，不能压减。

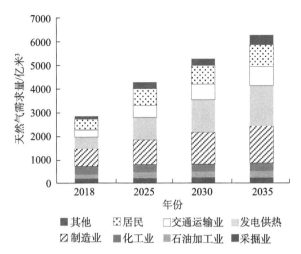

图 7-6　各行业天然气需求和总量预测

资料来源：Wind 数据库

表 7-7　各行业最低用气需求系数

行业	采掘业	石油加工业	化工业	制造业	发电供热	交通运输业	居民	其他
需求系数	100%	30%	20%	50%	50%	100%	100%	50%

（2）石油加工业最低用气需求系数取 30%。石油加工业用气主要包括两部分：一是用作燃料，提供动力；二是用作原料来制氢。在极端情景下，用作燃料的部分可以用煤炭、电力等能源替代，而作为制氢的原料无法替代。

（3）化工业最低用气需求系数取 20%。化工业用气主要是以天然气为原料来生产化肥和甲醇等化工品。我国基础化工产品产能过剩，且与煤化工相比，天然气化工没有明显的经济性，因此在极端情景下，部分天然气化工可关停，大部分可用煤化工替代，仅少部分工艺保持用气供应。

（4）制造业最低用气需求系数取 50%。制造业用气主要是用作锅炉燃料。以前，制造业大部分都用燃煤锅炉。近年来，由于环保原因，许多企业将燃煤锅炉改造为燃气锅炉。部分企业保留了燃煤锅炉，采用双燃料系统；部分企业则采用燃气锅炉。由于制造业大部分产品用于满足民生使用需要，在极端情景下不能大面积关停，单燃料系统的企业需保证其天然气供应，双燃料系统的企业则可改为燃煤。

（5）发电供热最低用气需求系数取 50%。发电供热用气主要是用作燃料发电和供热，包括热电联产的集中供暖，但不包括居民自采暖（属居民生活）。当前国内电力装机容量过剩，部分煤电机组年发电小时数较低，在极端情景下，可提高煤电的发电小时数，以满足国内电力需求。但热电联产企业有供暖义务，涉及民生，不能关停，仍需保证其天然气供应。

（6）交通运输业最低用气需求系数取 100%。交通运输影响民生，天然气汽车难以压减，用气需求系数取 100%；船用 LNG 多为近几年和未来几年因国际环保要求改造的船只，一般以单燃料居多，难以压减。

（7）居民最低用气需求系数取 100%。居民生活用气是民生的最直接体现，在极端情景下也不能压减。

（8）其他行业最低用气需求系数取 50%。其他行业包括农林牧渔、建筑业、批发零售业、住宿餐饮业等，在极端情景下可以适当压减按一半计算。

综上，如图 7-7 所示，2018 年我国最低天然气需求为 1750 亿立方米，2025年、2030 年和 2035 年最低天然气需求分别为 2700 亿立方米、3300 亿立方米和4000 亿立方米。

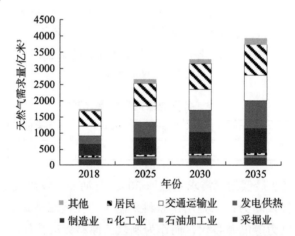

图 7-7　各行业天然气最低需求和最低需求总量预测

7.4.3　极端情景下最低油气进口需求及应对

根据上述研究，在极端情景下，我国油气最低需求缺口如表 7-8 所示。

表 7-8　2025 年、2030 年、2035 年油气最低需求缺口

指标	2025 年		2030 年		2035 年	
	石油/亿吨	天然气/亿米³	石油/亿吨	天然气/亿米³	石油/亿吨	天然气/亿米³
最低需求	3.58	2700	3.53	3300	3.48	4000
生产量	2.00	2300	2.00	2800	2.00	3000
海上全面断供时可进口量	1.22	950	1.22	1250	1.22	1500
海上全面断供进口缺口	0.36	0	0.31	0	0.26	0
海陆全面断供进口缺口	1.58	400	1.53	500	1.48	1000

在海上全面断供情景下，我国石油进口需求有少量缺口，可以通过释放储备进行弥补，9000 万吨的储备规模可弥补 3 年的缺口；天然气进口需求没有缺口。

在海陆全面断供情景下，我国石油进口需求有较大规模缺口，如果断供 1 年，

扣除 9000 万吨的储备，仍有 6000 万吨左右的缺口；天然气进口需求缺口在 2030 年后快速增大，2035 年达 1000 亿立方米。

因此，需要继续提高我国油气储备能力，石油储备规模至少要达到 1.5 亿吨，天然气储备规模达 1000 亿立方米，以满足极端情景下国内 1 年的最低油气需求。

本 章 小 结

在新冠疫情肆虐和全球经济衰退的背景下，本章从应对极端地缘政治风险的视角，分析了我国石油储备策略和油气最低进口需求。构建了最优石油储备决策模型，分新冠疫情消退和新冠疫情反复两种情况，对不同情景下的最优储备规模进行了分析。结果显示，若预期在 2025 年肯定发生海上全面断供或海陆全面断供，则应在保证不对国际油价产生较大影响的前提下尽可能多地增加储备以减少潜在的宏观经济损失。另外，结合我们对未来出现海上部分中断、海上全面断供、海陆全面断供三种情景的可能性预判，若新冠疫情消退，2025 年、2030 年和 2035 年的理论最优储备规模分别为 93 天、148 天和 158 天的当年净进口量；若新冠疫情反复，适合在 2025 年尽可能地多补仓。此外，本章对 2035 年前极端情景下我国油气分行业最低需求进口缺口进行了测算。结果显示，在海上全面断供情景下，我国石油进口需求有少量缺口，但可以通过释放储备进行弥补；天然气进口需求没有缺口。在海陆全面断供情景下，我国石油进口需求有较大规模缺口，如果断供 1 年，有 6000 万吨左右的缺口；天然气进口需求缺口在 2030 年后快速增大，2035 年达 1000 亿立方米。因此，需要继续提高我国油气储备能力，石油储备规模至少要达到 1.5 亿吨，天然气储备规模达 1000 亿立方米，以满足极端情景下国内 1 年的最低油气需求。

参 考 文 献

樊慧, 段兆芳, 单卫国. 2015. 我国天然气发电发展现状及前景展望[J]. 中国能源, 37(2): 37-42.

青岛中油华东院安全环保有限公司. 2018. 青岛港董家口港区原油商业储备库工程环境评价报告书[EB/OL]. https://www.docin.com/p-2271451797.html[2020-08-01].

中国石油四川石化有限责任公司. 2008. 中国石油四川石化 100×10^4 m³ 原油储备库工程环境影响评价报告书简本公示[EB/OL]. https://jz.docin.com/p-1402463431.html[2020-08-01].

Liang Q M, Yao Y F, Zhao L T, et al. 2014. Platform for China energy & environmental policy analysis[J]. Environmental Modelling & Software, 51: 195-206.

Samouilidis J E, Berahas S A. 1982. A methodological approach to strategic petroleum reserves[J]. Omega, 10(5): 565-574.

Wei Y M, Wu G, Fan Y, Liu L C. 2008. Empirical analysis of optimal strategic petroleum reserve in China[J]. Energy Economics, 30(2): 290-302.

第 8 章

我国有可能新开辟的外部能源基地和通道

政治经济效益是我国选择外部能源新基地与新通道的重要原则，本章利用目标规划的方法构建模型体系，对我国原油进口来源进行组合优化。模型的优化主要从两大方面进行约束，一是我国进口设施所能保障的能源可进口量需满足各风险压力情景下我国能源的最低进口需求；二是新开辟的通道运力要有资源保障，即资源国向中国的可供原油出口量，需大于中国进口通道对该国资源的需求量。通过求解目标规划模型，得出原油进口新通道和海外合作新基地布局的推荐选择。天然气市场的区域性特征显著，天然气主要来自周边市场，进口通道已基本规划好，本章主要针对地中海气田开展比对和定性分析。在海外投资的油气基地，主要出于经济和外交考虑，对于直接保障油气供应的作用相对较小，因此本章在计算中未纳入该因素。

8.1 原油合作基地优选思路与方法

8.1.1 思路框架

本章采取"由外而内"和"由内而外"的思路方法，分析我国的石油进口需求情况。其中，"由外而内"是指从国外向国内的分析方向，主要是从海外资源供应、跨境通道两方面分别入手，评估我国的石油进口体系总体所产生的政治经济效益。具体来看，分别用各资源国向我国的石油可供出口量、资源国的政治风险指数、向我国的石油出口价格三个指标来衡量该资源国向我国的石油出口能力、稳定性及经济性。跨境通道的评估指标为通道的通行能力与安全指数。"由内而外"是从国内向国外的分析方向，从我国的国内炼厂的需求市场侧进行分析，具体分析我国对进口石油的需求情况，分别从石油进口总量、进口原油品质种类两方面进行衡量评估，即从我国对进口石油的需求总量和需求结构来定位进口来源国。

本章首先从资源、通道、市场三个方面选择五类指标作为优化模型的输入参数，具体分别为资源国的石油可供出口量、资源国的政治安全指数、原油出口价格、跨境通道的安全性、我国对于不同品质原油的进口需求。其次，建立优化模型，优化的原则为供应来源的多元化程度、总体政治经济效益最优两原则，聚焦到我国进口石油的总成本最低这一限定条件。最后，得出我国从各资源国、各通道的最佳的各种类型的石油进口量。通过该结果可以指导未来我国的石油进口体系布局，实现利益最大化，切实保障我国的能源安全。

8.1.2　原油资源国评价指标

1. 资源国的石油可供出口量

资源国的可供出口量指某一资源国在某一年份可向我国出口石油的最大量，即在扣除该国国内石油消费量及其他固定出口量以后，剩余的石油出口能力。由于各国石油品质不同，根据其出口原油 API 度①的不同，将各国可供出口原油分为轻质、中质和重质三大类。

2. 资源国的政治安全指数

资源国可向我国出口的石油量会受到多种因素的影响，资源国本身的政治安全形势就是重要的影响因素，直接决定着有多少可供出口量可以转化为实际有效的出口量。本章从资源国与中国的外交关系、开放性文化差异性、公共基础设施、油气基础设施、健康风险、安全风险、环保风险、运营难度等方面衡量一国的政治安全情况。通过打分赋值的方式，加权平均计算出各资源国的国家风险安全状况。然后，通过归一化的方法，换算出各资源国向我国实际可供出口量的折算系数。

3. 原油出口价格

原油出口价格是优化模型所遵循的基础指标，该价格为资源国向我国出口油气的到岸价格，计算方法如下：采用海关数据中 2000～2020 年我国自各资源国的石油进口数量与金额两个指标，计算出当年自每个国家的进口石油价格，每个国家共计 21 组价格数据。然后，与当年布伦特原油价格比较得出差值，并对这 21 组原油出口价格的差值求平均值，得出每个资源国的原油出口价格（相对于布伦特原油价格）的整体水平，以此作为该国石油出口的经济成本指标。2020 年各资源国的原油出口价格见表 8-1。

表 8-1　各资源国的原油出口价格（2020 年）（单位：美元/桶）

国家	换算到岸价	国家	换算到岸价
美国	33.4	叙利亚	38.3
加拿大	21.8	阿联酋	40.4

---

① API 度是 API（American Petroleum Institute，美国石油学会）制定的表示石油及石油产品密度的指标。

续表

国家	换算到岸价	国家	换算到岸价
墨西哥	24.7	也门	44.0
阿根廷	34.3	阿尔及利亚	43.5
巴西	34.7	安哥拉	38.3
哥伦比亚	26.1	乍得	39.1
厄瓜多尔	26.9	尼日尔	39.1
秘鲁	26.9	刚果（布）	36.6
特立尼达和多巴哥	26.9	埃及	42.4
委内瑞拉	28.6	赤道几内亚	39.9
圭亚那	33.7	加蓬	39.3
阿塞拜疆	50.2	利比亚	39.6
丹麦	50.2	尼日利亚	39.9
法国	50.2	南苏丹	38.5
德国	50.2	苏丹	39.6
意大利	50.2	加纳	39.6
挪威	38.5	喀麦隆	39.6
荷兰	38.5	莫桑比克	39.6
罗马尼亚	38.5	澳大利亚	43.6
俄罗斯（海上）	38.5	文莱	35.5
土耳其	38.5	日本	35.5
乌克兰	38.5	韩国	35.5
英国	39.8	印度	35.5
伊朗	39.1	印度尼西亚	39.1
伊拉克	38.2	马来西亚	40.5
科威特	38.5	巴基斯坦	40.5
阿曼	43.3	新加坡	40.5
卡塔尔	39.2	泰国	31.2
沙特阿拉伯	39.5	越南	46.6

资料来源：根据海关数据整理计算

4. 跨境通道的安全性

资源国与我国之间的跨境石油运输通道也是影响各资源国向我国实际可供出口量的重要因素。本章分别梳理各资源国向我国出口油气的主要路径，筛选线路中的海上要冲与要道，并将此类要素作为影响通道安全与我国进口石油境外运输的风险节点，并为各节点设置风险系数，最终作为各资源国向我国的石油可供出口量的衰减指数。将该指数与资源国实际可向我国的石油出口量相乘即可得出该资源国经国际通道可稳定向我国提供的实际出口量，即我国最终的可获得量。

根据地理位置与地缘热点程度不同，本章共计筛选了马六甲海峡、苏伊士运河、巴拿马运河、土耳其海峡、白令海峡、好望角、丹麦海峡、霍尔木兹海峡、直布罗陀海峡、朝鲜海峡、南海通道、曼德海峡、红海、几内亚湾、亚丁湾、印度洋 16 个海上航线节点。

5. 我国对于不同品质原油的进口需求

2019 年，我国进口的原油品种众多，共包括来自 40 多个国家的 143 个不同油种。我国进口原油整体呈现"中质、高硫"的品质特征，从主要油种的具体性质来看，中质高硫原油占比为 55.42%，位列第一。紧跟其后的为中质低硫及中质含硫原油。整体来看，中质原油占比最大，为 76%，其次重质原油占 19%，轻质原油为 5%。就硫含量来看，52% 为高硫原油，低硫原油占 38%，含硫原油占 10%。基于以上分析，在下面模型优化中，将我国的原油种类进口量的比例分别设定为轻质原油不低于 5%，重质原油不低于 19%；低硫原油不低于 38%，高硫原油不低于 52%。

8.2　原油合作基地优选建模

在满足我国对各类品质原油、需求总量等前提下，遵循经济最优、进口来源多元化程度持续优化的原则，得出我国自各资源国的石油进口量的配额建议。基于上述海外油气基地评价指标体系，本章综合考虑未来不同石油品质需求的差异，以成本最小化为目标构建了海外油气基地选择模型，其框架模型主要包括两部分：海外油气合作基地综合评价模型和海外油气基地选择模型。

首先，海外油气合作基地综合评价模型从资源基础、开放程度和投资环境三个维度对各基地进行综合评价，得到油气基地安全系数这一评价结果，并将之作为海外油气基地选择模型的输入。其次，进行海外油气基地选择模型的构建，主要包括数据输入、模型优化和数据输出三部分。数据输入包括需求和供给两部分，需求主要包括海上石油进口需求、石油需求的品质分类和各种品质石油的需求比例；供给主要包括海外油气基地备选库、各基地的安全系数、各基地石油的到岸价格、各基地石油的最大可供出口量及各品质石油在各基地可供出口量中的比例。模型优化以经济成本最小化为目标进行模型构建，约束条件包括油气总需求约束、各品质油气需求约束和各品质油气可供给约束。数据输出结果主要包括选择的最佳油气基地组合、各基地进口的不同品质石油量及各品质石油总成本。

优化模型如目标函数（8-1）所示：

$$\min C = \lambda \cdot \sum_{n=1}^{N} z_n \cdot \mathrm{IM}_n \cdot \mathrm{CIF}_n \tag{8-1}$$

其中，N 表示模型中国家的数量，代表备选的油气基地个数；IM_n 表示从第 n 个国家实际进口的石油总量。IM 表达式如式（8-2）所示：

$$IM_n = \sum_{k=1}^{6} I_{kn} \qquad (8\text{-}2)$$

其中，I 表示不同品质石油的进口量，$k=1,\cdots,6$ 分别代表轻甜、轻酸、中甜、中酸和重甜、重酸石油；CIF_n 表示从第 n 个国家进口石油的到岸价格；λ 表示石油的吨–桶折算系数，这里取 8.3。z_n 表示 0-1 变量，代表第 n 个国家是否被选为油气基地。

$$z_n = \begin{cases} 1, & \text{油气基地} \\ 0, & \text{非油气基地} \end{cases} \qquad (8\text{-}3)$$

模型的约束条件如下。

（1）供给与需求约束。

$$\begin{cases} \sum\limits_{n=1}^{N} IM_n \geqslant D \\ I_{kn} \leqslant p_{kn} \cdot EX_n \cdot CS_n \end{cases} \qquad (8\text{-}4)$$

其中，D 表示石油的总需求量；EX_n 表示第 n 个国家可供出口的石油总量；p_{kn} 表示第 k 种品质油在第 n 个国家中的占比；CS_n 表示第 n 个国家的安全系数。

（2）石油品质比例约束。

$$\begin{cases} \left. \sum\limits_{n=1}^{N} I_{1n} + I_{2n} \middle/ \sum\limits_{n=1}^{N} IM_n \geqslant 0.05 \right. \\ \left. \sum\limits_{n=1}^{N} I_{5n} + I_{6n} \middle/ \sum\limits_{n=1}^{N} IM_n \geqslant 0.19 \right. \\ \left. \sum\limits_{n=1}^{N} I_{2n} + I_{4n} + I_{6n} \middle/ \sum\limits_{n=1}^{N} IM_n \geqslant 0.52 \right. \end{cases} \qquad (8\text{-}5)$$

8.3 原油合作基地评估结果

8.3.1 我国石油进口来源结构变化

我国石油进口总量的来源分布优化结果如表 8-2 所示。

表 8-2 原油（海上）进口来源优化结果（单位：万吨）

序号	国家	2020 年	2025 年	2030 年	2035 年
1	美国	1976	2896	2896	2752
2	阿根廷	37	26	32	39
3	巴西	4218	5612	7088	7088
4	哥伦比亚	1238	660	660	660

续表

序号	国家	2020 年	2025 年	2030 年	2035 年
5	厄瓜多尔	471	127	0	0
6	委内瑞拉	0	822	1568	2241
7	圭亚那	91	2125	2833	3967
8	挪威	1272	677	301	411
9	俄罗斯（海上）	4358	7300	7300	7300
10	英国	589	556	196	147
11	伊朗	392	2882	0	983
12	伊拉克	6012	4375	6311	5469
13	科威特	2750	2033	1845	0
14	阿曼	3785	1274	800	15
15	卡塔尔	620	341	409	477
16	沙特阿拉伯	8492	7681	6069	6228
17	阿联酋	3118	1991	1991	1991
18	安哥拉	4179	2487	2602	2526
19	尼日尔	0	40	0	0
20	刚果（布）	925	518	622	168
21	赤道几内亚	315	69	66	10
22	加蓬	585	353	121	111
23	利比亚	170	524	590	656
24	尼日利亚	393	81	113	485
25	南苏丹	194	264	317	0
26	加纳	411	0	269	269
27	喀麦隆	146	46	0	0
28	澳大利亚	139	60	0	0
29	印度尼西亚	151	68	0	0
30	马来西亚	1254	26	0	10

1. 南美地区大幅增加，俄罗斯中亚结构性调整，中东短期稳定、中长期减少，非洲保持稳定，亚太受资源限制可能不再进口

对于进口来源地，我国自北美地区进口的石油总量呈现持续增长态势，从 2010 年的不足 150 万吨快速增长至 2020 年的 2300 万吨，未来预计该方向的进口量将保持在 2700 万～2800 万吨的水平。相应地，从北美地区进口石油量在我国石油进口总量中的比重从 2010 年的 1%持续增加至 2020 年的 4%，未来从中长期看，从北美地区进口石油量在我国总进口量中的比重将保持在 6%。

中南美地区向我国出口的石油总量呈现大幅增长趋势。从历史上来看，2010

年我国自中南美地区进口石油约 1900 万吨，2020 年增加至 6000 万吨，相应地在我国的石油总进口量中的比重从 8%增加至 11%。未来该地区向我国的石油出口量将有望大幅增加，从 2025 年的 9000 万吨增长至 2035 年的 1.4 亿吨，未来至 2035 年中南美地区在我国进口石油中的份额将达到 32%。增长动力主要来源于巴西、委内瑞拉、圭亚那。

俄罗斯中亚是我国近年来开拓的重要石油进口基地，自该地区的进口量持续增加，从 2010 年的 2500 万吨快速增加至 2020 年的近 9000 万吨，其中海上进口量超过 4300 万吨。相应地，该地区在我国进口石油总量中的比重在 2020 年增加至 17%，较 2010 年的 11%增加了 6 个百分点。预计未来，该地区经海上对我国的石油出口量将有所提升，将达到 8000 万吨，并长期保持在这一水平，在我国进口石油中的比重也将维持在 18%。从潜力来看，未来我国自该地区的石油进口增量将主要来自俄罗斯北极和远东地区。

中东地区在我国石油进口中占据半壁江山，近年来自中东进口量逐年增加，2010 年我国自该地区进口石油首次突破 1 亿吨，2020 年突破 2.6 亿吨，10 年间进口量增长 1.2 倍。相应地，中东地区在我国石油进口总量中的比重长期维持在 47%~50%。为了保障我国能源安全，降低对中东地区的过度依赖，未来这一现象将有所改观，预计从中长期看中东向我国的石油出口量将持续下滑，从当前的 2.5 亿吨降至 2025 年的 2 亿吨，持续至 2035 年降至 1.5 亿吨的水平。相应地，中东在我国石油进口中的比重也将从 47%降至 45%，之后进一步降至 34%。其中，科威特、阿曼都将成为该方向供应减少的重点国家。

非洲地区曾在我国石油进口中扮演着重要角色，2010 年，自该地区进口石油达 7000 万吨，占我国石油进口量的 30%。近年来由于产量不足，该地区向我国的出口量增长不大，2020 年仅为 7700 万吨。这也导致了 2010~2020 年非洲地区在我国进口石油中的地位逐年降低，从 2010 年的 30%降至 2020 年的 14%。未来这一趋势可能继续加强，至 2025 年非洲向我国的出口量将降至 4500 万吨，从中长期看将稳定在 4500 万吨的出口水平。总体来看，2021~2035 年，非洲在我国的进口石油中的比重稳定在 10%。

2010~2020 年，我国自亚太地区的石油进口量增长了 1000 万吨，2010 年为 800 万吨，占我国进口总量的 4%，2020 年达到 1800 万吨，占比为 3%。然而，受该地区石油资源的限制，未来我国自亚太地区将不进口石油。

2. 俄罗斯、巴西、伊拉克、沙特阿拉伯将是未来我国最主要的石油来源国

我国石油进口来源国的格局将出现重大调整。从中短期来看，以 2025 年为例，沙特阿拉伯、俄罗斯、巴西、伊拉克、美国、伊朗、安哥拉、圭亚那、科威特、阿联酋将成为我国前十大原油进口来源国。与 2020 年相比（前十大来源国分别为沙

特阿拉伯、俄罗斯、伊拉克、巴西、安哥拉、阿曼、阿联酋、科威特、美国、挪威）,巴西、美国、圭亚那的位次有显著提升。从长期来看,至 2030 年,俄罗斯、巴西、圭亚那、委内瑞拉对我国的石油供应量将呈现增大趋势,自伊朗、科威特、阿曼等国的进口量将逐步减少,传统进口来源国沙特阿拉伯、伊拉克、美国、安哥拉、阿联酋向我国的供应量将总体保持不变。俄罗斯、巴西、伊拉克、沙特阿拉伯、美国、圭亚那、安哥拉、阿联酋、科威特、委内瑞拉将成为新的前十大来源国。

从进口量及相对比重来看,我国自巴西的进口量将逐步加大,将从 2020 年的 4281 万吨增加至 2025 年 5612 万吨,2030 年达 7088 万吨,在我国进口石油中的比重由 2020 年的 8.8%增加至 2030 年的 16%。圭亚那将成为对我国石油出口量增速最大的国家,从 2020 年的 91 万吨快速增加至 2025 年的 2125 万吨、2030 年的 2833 万吨、2035 年的 3967 万吨,相应地在我国进口石油中份额从当前的 0.2%持续增加至 5%、6%、9%。委内瑞拉曾是我国进口石油的重要来源国,但近些年因美国的经济制裁,该国向我国的出口量大幅减少,从历史上的 2000 万吨高峰值降至 2020 年的 0 吨。未来委内瑞拉向我国的出口量将有望恢复,2025 年达到 822 万吨、2030 年 1568 万吨、2035 年 2241 万吨,在我国进口石油中的比重从 2%逐步提高至 5%。未来自沙特阿拉伯的进口量将有所下滑,从 2020 年的 8492 万吨降至 2025 年的 7681 万吨,未来稳定在约 6000 万吨。自俄罗斯的进口量保持在约 7300 万吨、自美国进口量约 2800 万吨、自安哥拉进口量约 2500 万吨、自阿联酋进口量约 2000 万吨。未来自伊拉克的进口量有所波动,但总体维持在 4000 万~6500 万吨。总体从长期看,未来俄罗斯、巴西、伊拉克、沙特阿拉伯将成为我国最重要的四大石油进口来源国,总进口量占我国进口总量的近 60%。

8.3.2　进口原油品质的分布

根据模型结果,表 8-3 中列举了 2025 年、2030 年、2035 年我国自各资源国进口各类品质原油数量的分布情况。未来我国轻质油和中质油进口来源变化不大,重质油进口来源会发生明显变化,南美将成为我国最重要的重质油来源地。

表 8-3　进口原油品质的分布（单位：万吨）

序号	国家	2025 年			2030 年			2035 年		
		轻质油	重质油	中质油	轻质油	重质油	中质油	轻质油	重质油	中质油
1	美国	2172	145	579	2172	145	579	2172	0	579
2	阿根廷	0	0	26	0	0	32	0	0	39
3	巴西	0	1964	3647	0	2481	4607	0	2481	4607
4	哥伦比亚	0	330	330	0	330	330	0	330	330
5	厄瓜多尔	0	127	0	0	0	0	0	0	0
6	委内瑞拉	0	452	370	0	863	706	0	1232	1008

续表

序号	国家	2025 年			2030 年			2035 年		
		轻质油	重质油	中质油	轻质油	重质油	中质油	轻质油	重质油	中质油
7	圭亚那	0	2125	0	0	2833	0	0	3967	0
8	挪威	392	0	285	301	0	0	301	27	82
9	俄罗斯(海上)	0	0	7300	0	0	7300	0	0	7300
10	英国	523	33	0	131	65	0	131	16	0
11	伊朗	0	865	2017	0	0	0	0	983	0
12	伊拉克	0	1531	2844	0	2209	4102	0	0	5469
13	科威特	0	203	1830	0	185	1661	0	0	0
14	阿曼	884	390	0	800	0	0	15	0	0
15	卡塔尔	290	0	51	348	0	61	406	0	72
16	沙特阿拉伯	1536	1152	4993	1428	0	4641	1465	0	4763
17	阿联酋	1991	0	0	1991	0	0	1991	0	0
18	安哥拉	622	124	1741	651	130	1821	665	0	1862
19	尼日尔	0	0	40	0	0	0	0	0	0
20	刚果（布）	130	0	389	155	0	466	168	0	0
21	赤道几内亚	0	0	69	45	0	20	0	0	10
22	加蓬	141	0	212	121	0	0	81	0	30
23	利比亚	524	0	0	590	0	0	656	0	0
24	尼日利亚	0	0	81	0	0	113	485	0	0
25	南苏丹	0	0	264	0	0	317	0	0	0
26	加纳	0	0	0	269	0	0	269	0	0
27	喀麦隆	0	0	46	0	0	0	0	0	0
28	澳大利亚	0	0	60	0	0	0	0	0	0
29	印度尼西亚	0	0	68	0	0	0	0	0	0
30	马来西亚	0	0	26	0	0	0	0	0	10

　　未来我国轻质油进口来源格局变化不大。美国、阿联酋、沙特阿拉伯将扮演未来我国轻质油进口的三大来源国，三者合计总量约 5600 万吨，其中美国约 2200 万吨，阿联酋约 2000 万吨，沙特约 1400 万吨，合计占我国 2035 年轻质油进口总量的 64%。

　　中质油进口的重点来源国将集中在俄罗斯、沙特阿拉伯、巴西、伊拉克，其中俄罗斯向我国的中质油出口量将达到约 7300 万吨，其他三国将达到 4600 万～5500 万吨，合计进口量将由 2025 年的 1.9 亿吨增加至 2035 年的约 2.3 亿吨，相应地占我国 2025～2035 年中质油进口总量的 69%～85%。

　　未来我国重质油进口来源随时间会发生变化。重质油进口总量将保持在 9000 万～9500 万吨，2025 年的来源国主要是圭亚那、巴西、伊拉克，占我国 2025 年重质油进口总量的 60%。2030 年，上述三国向我国的重质油出口量将达到约 7500 万吨，约占我国重质油进口总量的 80%。长期来看至 2035 年，委内瑞拉向我国的重质油出口量将持续加大，2035 年有望超过 1000 万吨，将与圭亚那、巴西成为我国最重要的重质油来源国，三国合计出口量将占我国重质油进口总量的 85%。

基于以上分析结果，"十四五"及之后较长的一段时期，我国的石油海外合作基地布局将更趋多元化、科学化，以巴西、圭亚那为代表的中南美洲可成为未来我国新的海外石油供应基地，从中长期来看，将逐渐形成以中东、俄罗斯中亚、中南美为主的进口来源格局。石油通道仍将以海上通道为主，拉丁美州至中国的通道须重点关注。

我们采用类似方法对我国潜在的天然气海外合作基地进行了评估研究，结果显示天然气海外合作基地将更加突出区域特征，俄罗斯远东（含东西伯利亚、北极等）、东地中海可成为我国潜在的海外天然气供应基地。以管道天然气为主的陆上通道仍将在我国天然气进口中扮演重要角色，建设从俄罗斯中亚至中国的多元化天然气进口通道体系将是未来我国天然气通道的发力点。

8.4　海外潜在油气合作基地优劣势分析

本节以俄罗斯远东和东地中海两个潜在合作基地为例，开展优劣势分析。

8.4.1　东地中海天然气潜在合作基地

1. 拓展东地中海天然气合作的有利因素

东地中海天然气资源丰富，投资环境较好，开展合作符合中国和该地区国家（主要是以色列）利益，合作潜力巨大。

一是资源禀赋优异。天然气资源丰富，勘探开发潜力大。天然气资源主要集中在东地中海盆地，已发现可采储量 1.13 万亿立方米，剩余可采储量 1.05 万亿立方米，探明程度仅为 38%，储采比达 107 年。天然气增产潜力大。2018 年，以色列天然气产量 98 亿立方米。未来以色列天然气产量将大幅增加，基于已有发现保守估计，2030 年其天然气产量将超过 250 亿立方米。

二是投资环境良好。中国和以色列经贸关系快速发展。中国和以色列建交以来，两国经贸关系不断推进，近年来更是加速发展，中资企业大量进入以色列，2018 年双边贸易额达 140 亿美元，中国已经成为以色列全球第三、亚洲第一大贸易伙伴，良好的经贸合作关系有利于两国开展大型项目合作。以色列安全局势稳定，国家安全防范意识强、能力足，以色列海关及巴勒斯坦和以色列边境检查站检查严格。近年来，巴勒斯坦和以色列冲突强度明显下降，偶尔对加沙地带以及黎巴嫩边境地区的安全形势产生影响，对以色列主要城市以及远离巴以边境的东地中海影响很小。巴勒斯坦和以色列隔离墙修建后，以色列主要城市恐怖袭击事件也鲜有发生。巴勒斯坦地区人民生活水平虽然与以色列相比较低，但社会运行基本有序。油气全产业链开放，油气勘探开发主要依赖外国石油公司和本国私人公司，无国家石油公司。以色列油气对外合作采用区块租赁模式，租赁期最长为50年。根据以色列天然气发展规划，未来将致力于实现天然气出口。以色列已与约旦和埃及签订了天然气出口协议，未来需要吸引更多外国投资者参与本国天然气开发。以色列市场化程度高，以色列公司在合作中对合同极为尊重，合同条款设计规范细致，一旦确定后一般严格遵守。

三是符合我国国家利益。以色列经济发展依赖对外合作，"向东看"趋势明显，迫切需要继续加强与我国的合作。天然气领域创新合作是国家新发展理念的实践。以色列素有"第二硅谷"之称，高科技产业发达，政府注重科技领域的投入，初创企业众多，创新成果丰富。2017年，中以两国将外交关系定位为"创新全面伙伴关系"。与以色列开展天然气合作，有助于实现传统领域的创新合作，践行新发展理念，推动两国创新全面伙伴关系的进一步发展。

东地中海地区天然气开发全球关注、意义重大。2019年，东地中海天然气论坛（East Mediterranean Gas Forum，EMGF）成立，东地中海天然气资源成为世界关注的焦点。EMGF 成立得到美国、英国的高度支持，成员国包括塞浦路斯、希腊、以色列、意大利、约旦、巴勒斯坦和埃及，成立的目的是建立一个区域天然气市场，使成员国获得更多利益。虽然东地中海天然气储量仅占全球总储量的1%，但可以改变欧洲天然气供应格局，使其降低对俄罗斯的依赖，地缘政治影响力不容小觑。

四是合作潜力大。政府反垄断法令为油气合作提供机会。以色列总理办公室2016年颁布的1465号决议《关于提高塔玛尔气田产量和加快利维坦、卡里什和塔宁气田开发的纲要修订案》规定，为避免形成天然气行业垄断，要求德勒克钻井公司（Delek）不能同时拥有利维坦和塔玛尔气田股份，须在2021年末前完成股份出售。根据以色列政府规划，到2025年，天然气发电消费占比将从2018年的67%增至82%，并逐步减少煤炭发电比例，最终关闭所有燃煤发电厂，实现发电燃料70%来自天然气。预计2030年，以色列天然气需求量达230亿立方米，较2018年翻一番。此外，东地中海临近欧洲市场，正规划建设通往欧洲的天然气管网。未来，天然气销售可以在运回国内和当地市场消化之间灵活选择。天然气基础设施建设急需投资。以色列计划未来将天然气产量的40%用于出口，但天然气出口设施缺乏，目前仅有一条在建的以色列—埃及天然气管道和新投产的以色列—约旦天然气管道，没有 LNG 出口终端。以色列致力于寻找天然气出口路径，包括建设连接塞浦路斯、希腊和意大利的天然气管道以及建设浮式液化天然气（floating liquefied natural gas，FLNG）、陆上 LNG 液化设施等，将为外国公司提供投资机会。

2. 拓展东地中海天然气合作面临的挑战

当前，拓展东地中海天然气合作可能存在地缘政治、安全、环保、商务等方面的风险和挑战。

一是土耳其对东地中海油气开发进行干预。因与邻国存在领海争端，土耳其未被纳入 EMGF 成员国之列，但其始终未放弃东地中海的油气利益。土耳其勘探船曾多次闯入塞浦路斯专属经济区进行非法油气勘探，引发多国战舰与其对峙；土耳其干扰在塞浦路斯海域的外国公司油气作业活动，并在该海域多次举行大型军事演习；还与利比亚达成海上边界划分协议，宣称对东地中海油气资源拥有专属控制权，将通过军事手段捍卫本国的油气利益。未来土耳其大概率进一步参与该地区的事务，意在获得油气利益的同时，提高在地区和世界的地位与影响力。

二是西奈半岛存在恐怖袭击风险。以色列南部与埃及西奈半岛毗邻，由于数年的社会经济和政治边缘化，西奈半岛成为恐怖分子的滋生地，恐怖袭击事件频繁发生。虽然埃及政府对该地区的恐怖分子进行强力镇压，但仍未能阻止恐怖主义威胁东地中海的油气活动。

三是环保法律严格。以色列宗教文化多样，拥有丰富的历史文化遗产和众多的自然保护区，政府十分注重对历史遗迹和自然环境的保护，环保要求十分严格。民间环保组织众多，尤其是绿色和平组织，对政府机构的环保决策发挥十分重要的作用。

8.4.2 俄罗斯东西伯利亚和远东天然气潜在合作基地

1. 拓展俄罗斯东部天然气合作的有利因素

俄罗斯天然气资源丰富，与我国距离近，且和中国有贸易合作基础，中俄两国建立了"新时代全面战略协作伙伴关系"，这为推动两国天然气合作提供了更多的机会。

一是天然气资源丰富。俄罗斯天然气资源丰富，探明程度较低，增储上产潜力大。俄罗斯拥有丰富的天然气资源基础，待发现资源量 162 万亿立方米，2018 年天然气储量高达 39 万亿立方米，均居全球第一位。其中，俄罗斯远东和东西伯利亚探明天然气储量约 5 万亿立方米，探明程度仅 8.4%；2018 年俄罗斯天然气产量 242 亿立方米。俄罗斯东部可供出口资源充足。2019 年俄罗斯天然气公司发布的《东部天然气规划》提出，2030 年前远东和东西伯利亚探明天然气储量将达 7 万亿立方米，产量达 1620 亿立方米。同时，根据俄罗斯研究机构的研究结果，在最高情景下，俄罗斯东部地区 2030 年天然气消费量仅为 433.5 亿立方米，有近 1200

亿立方米的天然气出口潜力。此外，根据俄罗斯对天然气的管道规划，2030 年前中俄东线和西线要在俄罗斯境内互通，并入俄罗斯统一天然气管网，因此俄罗斯东部有足够的资源对华出口。

二是投资环境良好。俄罗斯整体政治局势稳定、安全形势良好，政策相对稳定，天然气合作有俄罗斯国家战略的支撑，俄罗斯天然气发展战略支持加强天然气合作。俄罗斯从 2004 年开始制定实施天然气发展战略，并经过多次调整和修订，形成了决定俄罗斯天然气发展的指导性文件。其中，主要包括《俄罗斯 2035 年前能源战略》《俄罗斯 2030 年前天然气行业发展总体纲要》和《东部天然气规划》。俄罗斯天然气发展战略调整的总体方向如下。

（1）加速天然气资源开发。俄罗斯一直将提高天然气产量作为战略发展的根本和基础。依托资源优势，将建立亚马尔、远东、东西伯利亚和北极大陆架等 8 个开采中心，将天然气产量由 2014 年的 6400 亿立方米提升至 2035 年的 9350 亿立方米。在远东和东西伯利亚建立 5 个开采中心，2030 年天然气产量将达到 1620 亿立方米。俄罗斯天然气发展分为三个阶段实施：第一阶段（2016 年之前）开发西西伯利亚在产气田；第二阶段（2017～2024 年）积极开发亚马尔、北极大陆架、东西伯利亚和远东气田，使这些地区产量达全国产量的 1/3；第三阶段（2025～2030 年）开发俄罗斯东部的北极大陆架。目前，俄罗斯天然气战略实施至第二阶段，2018 年天然气产量达到 7200 亿立方米，远东的雅库特天然气开采中心投产，北极亚马尔凝析气田投产。

（2）推动天然气出口多元化，重点开拓亚太市场。欧洲是俄罗斯主要的天然气市场，约占俄罗斯天然气出口总量的 2/3。为摆脱对欧洲天然气市场的过度依赖，俄罗斯必须加强与亚太地区，尤其是与我国的天然气合作。俄罗斯提出 2035 年前，亚太市场在俄罗斯天然气出口总量中的份额将从目前的 6%（约 100 亿立方米）增加到 31%（约 800 亿立方米）。

（3）抓紧天然气基础设施建设。为实现天然气出口多元化，须发展天然气基础设施，打开新的出口通道。首先是保障东向的中俄东线天然气管道建设进度，推进绕过乌克兰直接对欧洲供气的"北溪 2 号"和"土耳其溪"天然气管道建设。除上述管道建设项目外，俄罗斯将积极发展中俄西线天然气管道，保加利亚—塞尔维亚—匈牙利—斯洛伐克—奥地利这一线路也被纳入俄罗斯对欧洲出口管道考虑范围。同时，俄罗斯致力于开拓北方海上航线，促进 LNG 基础设施建设。此外，俄罗斯积极扩建萨哈林 LNG 项目、推进"北极 LNG 2"项目等。

三是与俄罗斯中小公司合作潜力大。俄罗斯天然气工业股份公司（以下简称俄气）掌控俄罗斯的主要天然气资源和勘探远景区，由于其垄断地位存在，上游合作意愿不强。但俄罗斯还有很多中小型天然气公司，合作潜力大，包括俄罗斯石油公司（以下简称俄油）在内的俄罗斯中小型天然气公司也是该国天然气生产的重要力量。一方面,这些公司掌握了大量天然气资源,天然气产量逐年上升。这些公司拥有全俄罗斯天然气储量和产量的30%,且近年来产量持续增加,从2010年的1434亿立方米提高至2018年的2224亿立方米。以俄油为例,其天然气储量3.8万亿立方米,2018年生产天然气630亿立方米,规划高峰产量达1000亿立方米。这些公司需要加强与外国公司在资金和技术方面的合作,打破俄气在俄罗斯天然气行业一家独大的局面。此外,鞑靼石油、鲁克和诺瓦泰克等石油公司也掌握了大量天然气资源。在中型油气公司中,鲁克、斯拉夫石油和能源基金的天然气储采比较高,具有极大的增产潜力(表8-4)。

表 8-4　俄罗斯主要天然气公司掌握区块和资源情况

公司	区块面积/万公里²	占比	储量/亿米³	产量/亿米³	储采比
俄气	55	15.60%	300 932	4118	73.1
俄油	164	46.30%	37 557	630	59.6
诺瓦泰克	3	0.90%	24 480	618	39.6
鲁克	21	5.90%	19 098	244	78.3
苏尔古特	13	3.70%	4 226	91	46.4
伊尔库茨克	5	1.50%	717	18	40.4
斯拉夫石油	2	0.70%	679	10	66.8
鞑靼石油	34	9.60%	194	9	21.6
能源基金	4	1.30%	134	0.2	656
吉泰克	3	0.80%	5	0	——
合计	304	86.3%	388 022	5 738.2	

资料来源:IHS 公司

2. 拓展俄罗斯东部天然气合作面临的挑战

一是俄气垄断,合作意愿不强。俄气在俄罗斯天然气行业享有特殊的地位,持有俄罗斯天然气储量和产量的70%,是俄罗斯唯一的管道气出口商,享有俄罗斯天然气出口垄断权,是利用天然气资源实现国家意志的主体。根据以往经验来看,俄气与外国公司在俄罗斯成功合作均是在俄罗斯最困难的时期。短期内,随着一系列天然气出口设施投产,俄罗斯天然气对外出口压力下降,俄气对外合作意愿远不如从前。

二是美国对俄罗斯油气行业的制裁。制裁包括以下几项:禁止国际石油公司向俄罗斯提供北极、深水等前沿油气勘探开发技术,限制俄罗斯未来油气生产能力的提高;制裁俄油、俄气下属公司,限制俄罗斯油气出口渠道的拓展。

参 考 文 献

聂书岭. 2014. 中俄西线天然气管道项目落地 新疆能源通道地位更加凸显[J]. 中亚信息, (11): 32-33.

余晓钟, 白龙. 2020. "一带一路"背景下国际能源通道合作机制创新研究[J]. 东北亚论坛, 29(6): 78-93, 125.

第 ❮ 9 ❯ 章

制约替代能源发展的体制机制障碍研究

发展高比例可再生能源是构建清洁低碳和安全高效现代能源体系的关键，对践行我国的能源革命战略具有重要意义。目前，能源管理体制机制的设计和运行是以传统化石能源为核心，不能与可再生能源的大规模发展相适应。为了顺利实现可再生能源由"配角"向"主角"过渡，亟须破解当前的能源管理体制机制障碍。本章剖析高比例可再生能源发展面临的体制机制障碍，并从九个方面提出进一步完善可再生能源体制机制的建议。

9.1　发展替代能源的重要意义

9.1.1　替代能源的发展现状及迫切性

"富煤、贫油、少气"是我国能源资源禀赋的典型特征，在保障国家能源安全、应对气候变化和治理环境污染的三重目标约束下，发展高比例可再生能源是重要的突破口。首先，本土能源资源的大规模开发利用、电气化水平的不断提升，可以有效降低我国油气资源的对外依存度，保障我国能源安全。其次，发展高比例可再生能源可以实现我国主体能源更替和开发利用方式的根本性改变，从而支撑我国的能源结构调整和产业升级。最后，发展高比例可再生能源是构建清洁低碳和安全高效现代能源体系的关键，可以诱发新一轮能源技术创新和制度创新，为占领第三次能源革命的战略制高点赢得先机（陈浩，2018）。

自 2006 年我国施行《中华人民共和国可再生能源法》以来，可再生能源发展取得了举世瞩目的成绩，从可再生能源的装机容量和发电量来看，中国均位居世界前列，2020 年，我国可再生能源发电量的占比为 27.3%（图 9-1），可再生能源从我国能源系统中的"配角"演变为"主角"的趋势日渐明晰。而且，高比例可再生能源发电是目前全球广泛关注的未来电力系统情景。欧洲和美国分别提出在2050 年实现 100% 和 80% 的可再生能源电力系统蓝图。可再生能源具有清洁低碳且资源丰富的特征，大规模开发利用可再生能源，可替代部分传统化石能源，并大幅降低碳排放和污染物排放、保护生态环境。近年来，技术进步推动了光伏和风电等可再生能源发电成本持续降低，可再生能源的经济性已显著提高，市场竞争力日趋增强。

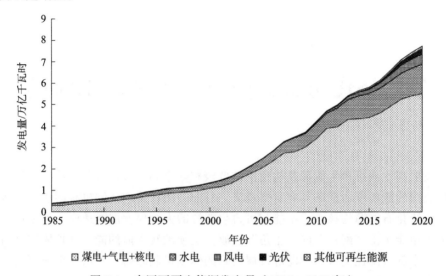

图 9-1　中国可再生能源发电量（1985～2020 年）
资料来源：1985～2019 年的数据来自历年 BP 世界能源统计年鉴，2020 年的数据来自中国电力企业联合会《中国电力行业年度发展报告 2021》

在资源约束趋紧、全球气候变暖和生态环境严重破坏的大背景下，发展替代能源，建设清洁、低碳、安全和高效的现代电力系统，最终将推动经济社会健康、稳定和可持续发展。安全、廉价和可持续是所有能源系统发展的三大关键目标，下面从以下四个方面来剖析发展替代能源的必要性。

1. 燃料的可持续供应问题将推动替代能源的发展

燃料安全、系统安全和充裕性是电力安全的三个方面，而燃料安全是中国电力系统安全中的薄弱环节。煤电在中国的发电结构中占据主导地位，2016 年中国煤电装机容量占发电总装机容量的 54.7%，煤电发电量占总发电量的 65.2%。中国的发电耗煤量占全国煤炭消费总量的 44.1%，而中国的煤炭资源储采比是 72 年，远低于世界的平均水平 153 年。此外，在发电结构、煤炭资源禀赋和化石能源不可再生特点的综合作用下，中国电力系统的燃料安全问题必须引起重视。因此，有必要进行电力系统的低碳转型，加大节能低碳技术的运用，替代原有不可再生化石燃料的消耗，从而保障电力的稳定可持续供应。

2. 发电过程中产生的碳排放和污染物排放问题将推动替代能源的发展

燃煤发电在中国的发电结构中居于主导地位，煤炭燃烧过程中伴随着大量的温室气体和污染物排放。而且，电力系统是中国的碳排放大户，也是我国实现节能减排和治理环境污染的重要抓手。中国自 2007 年起便成为世界第一大碳排放国家，2016 年电力部门的碳排放占中国碳排放总量的 42%。另外，电力部门的 SO_2、NO_x 和烟尘排放占全国的比例分别是 15.4%、11.1% 和 3.5%。因此，有必要进行电力系统的低碳转型，加大节能低碳技术的运用，以降低碳排放和污染物排放，从而保障电力系统发展的环境可持续性（王志轩，2015）。

3. 降低电力生产成本的需求将推动替代能源的发展

电能从发电厂到达用户侧的过程中需要经历发电、输电、配电和售电四个环节，每个环节均会产生成本，且发电成本在总成本中的比重最大。电力消费成本的高低既会影响居民的生活质量和舒适度，也会影响中国作为制造业大国的工业竞争力。根据 Pollitt 等（2017）的研究结果，中国的平均工业电价比美国高 50%，而燃料价格差异只能解释两国电价差异的 63%，高工业电价削弱了我国的工业竞争力。因此，有必要进行电力系统的低碳转型，加大节能低碳技术的运用，降低发电成本，从而保障中国的工业竞争力和国计民生。

4. 实现中华民族伟大复兴的愿望也将推动替代能源的发展

截至 2021 年，历史上共出现了三次能源革命，每一次成功利用能源革命的国家都成为该时期的世界第一强国。第一次能源革命是煤炭替代薪柴。英国抓住了当时的发展机遇，成为全球霸主。第二次能源革命是油气替代煤炭，美国借势成为新的世界霸主。第三次能源革命，即当下正在进行的能源革命，其主要特征是可再生能源由辅助能源向主导能源的角色转变。因此，在这一轮能源革命中抢得先机、占领战略制高点，是实现中华民族伟大复兴和永续发展的必由之路。

9.1.2　发展替代能源的国际经验与趋势

世界上已经有一些国家进行了替代能源的发展，并积累了相对丰富的经验。为了给我国发展替代能源提供借鉴和参考，有必要分析和总结国际上的成功经验，下面将从策略、主推技术、政策支撑和趋势几个方面来对这些经验进行总结。

（1）从发展替代能源的策略来看，实现发展替代能源的基本途径与手段包括结构替代、技术替代和市场替代。结构替代是指通过提高低排放发电技术的发电份额，降低高排放发电技术的发电份额。例如，英国在 20 世纪 90 年代通过大幅增加天然气的发电份额以降低碳排放。技术替代是通过无碳或低碳技术的大规模开发和应用，替代原有高排放的化石燃料发电技术，从而实现电力系统的低碳发展。例如，法国大力发展核电，以替代煤电的发电量从而降低碳排放。市场替代主要是通过碳排放的市场交易，以更低的减排总成本来实现区域的低碳发展。不同国家或地区的电力系统有不同的减排成本，减排成本高的国家或地区可以从减排成本低的国家或地区购买相应数量的碳排放配额，以实现区域范围内的电力系统减排总成本最优。例如，欧盟碳市场的实施，有助于实现在欧盟碳市场区域内的最优化减排。

（2）从发展替代能源过程中的主推技术来看，法国、英国、北欧以及美国的加利福尼亚州是在发展替代能源过程中表现优异的国家和地区，它们在发展替代能源过程中都有一些主推的低碳电力技术。法国借助核电技术的大规模开发和应用实现了对煤电的大幅替代，降低了碳排放。英国通过大力发展天然气发电，减少了煤炭发电量，从而降低了碳排放。英国的燃气发电机组在1990年只占总发电容量的4.5%，而在2002年时联合循环燃气电机已经占据了总发电容量的30.9%。北欧通过水电和风电等可再生能源的大规模应用实现了节能减排和低碳发展。美国加利福尼亚州通过光伏和储能技术的联合应用，加上能效技术的推广，替代了燃煤发电量，从而实现了能源替代。可以看出，尽管这些国家的主推低碳电力技术并不完全相同，但都是基于本国的资源禀赋和技术条件来实现电力系统的低碳转型。

（3）从发展替代能源中的政策支撑来看，电力系统的低碳技术具有资本密集型的特点，且在实际的投资应用过程中面临诸多不确定性因素，风险程度高。因此，发展替代能源会需要相应的政策支持，以推动低碳电力技术的发展和应用。法国为了推动电力系统的低碳转型，采取了一些措施。一方面借助欧盟碳排放交易体系（European Union Emission Trading System，EU ETS）来增加低碳电力技术的成本优势，促进发电技术的替代和转型。另一方面为核电产业的研发和应用制定了良好的扶持政策，法国对核电产业的研发投入给予了大力支持，且将核电的发展和出口作为国民经济的重要来源，法国每年核工技术出口的产值约占其GDP的2%[①]。英国为了进一步实现电力系统的低碳转型，专门设置了四项政策机制，即差价合约、容量市场、碳价底线和排放绩效标准。北欧主要通过欧盟碳排放交易体系和上网电价来促进低碳技术的应用。美国主要通过可再生能源组合标准（renewable portfolio standard，RPS）和低碳电力资源的长期购电协议（power purchase agreement，PPA）来促进电力系统的低碳转型。

（4）从发展替代能源的趋势来看，可再生能源和能效技术是发展替代能源过程中的主推技术，且技术手段和市场手段的联合使用是实现低碳转型的重要途径。能够实现电力系统低碳发展的技术包括三类。一是源头控制的无碳技术，即开发以无碳排放为根本特征的清洁能源技术，如可再生能源技术，自日本福岛核电站事故后核电技术便引起了公众的担忧，国际社会上反核声音不断，德国2011年宣布将于2022年前关闭国内所有的核电站，韩国在2017年宣布不再开发核电，因此核电在国际范围内很难成为未来低碳发展的主推技术。二是过程控制的减碳技术，是指实现低碳的生产消费过程，达到高效能和低排放，如能效技术。三是末

---

① 《法国核电发展的经验》，http://news.bjx.com.cn/html/20140605/516255.shtml[2022-08-16]。

端的去碳技术，如 CCS 技术。CCS 技术还处于示范阶段，技术成熟度相对较低，而且地质封存的安全性也经常遭到公众质疑。因此，可再生能源技术和能效技术将是未来电力系统低碳发展的主要方向。由于技术进步，可再生能源的度电成本呈现出了大幅下降。此外，储能技术的不断发展也为可再生能源并网提供了便利。能效技术是经济效益好的低碳技术，具有节能和减排的双重作用，也一直在电力系统的低碳发展中扮演着重要角色。

9.1.3　体制机制障碍是影响替代能源发展的重要因素

电力系统的安全稳定运行关乎重大国计民生，且电力系统十分复杂，其中的输配电网还具有自然垄断的特征。因此，需要借助良好的市场手段和监管手段才能保障电力系统运行的高效率，同时兼顾各个参与主体的公平性（夏清等，2003）。随着可再生能源发展规模的不断增加，也暴露出了一些亟待解决的问题，如弃风、弃光和弃水现象，电价补贴的拖欠，可再生能源建设、运行和管理体系的不协调，监管机构之间协调效率的低下，高端技术及设备创新能力不足，等等。而且，制约我国可再生能源健康发展的不仅有技术问题，更重要的是体制机制问题，只有建立适应可再生能源特征的体制机制，才能保障可再生能源的可持续发展（Joskow，2008）。

替代能源发展的体制机制主要包括市场机制和监管机制。从替代能源发展的市场机制来看，中国的电力市场还处于试验阶段，需要对各个电力市场试点的现状进行总结，并有效借鉴低碳电力转型过程中电力市场设计的国际经验，将其借鉴到中国的电力市场设计中。从电力系统低碳发展的监管机制来看，中国目前还缺乏独立的电力监管机构，现有的电力监管体制相对零散，各个部门分别根据自己的权力和职责划分来对电力系统进行监管，电力部门处于九龙治水的状态，整体协调性差。另外，电力系统低碳转型过程中会产生很多新技术、新主体、新市场和新商业模式，它们也会对旧的电力系统成员产生冲击影响，如何科学地对转型过程中出现的新事物进行监管，以保障电力系统的平稳运行和各个利益相关者之间的公平性是一个严峻的挑战（Joskow，1997）。因此，考虑到可再生能源对我国的重大战略价值，亟须在"十四五"期间完善可再生能源发展的体制机制，从而推动中国的绿色低碳发展。

9.2　发展替代能源面临的体制机制障碍

从全链条视角出发，分析替代能源的发展路径，梳理体制机制在促进替代能源发展的关键着力点和作用领域，如定位、技术、投资、运行、电力市场和监管机制，如图 9-2 所示。基于经济学理论、国际经验和中国现实国情，本节从法律保障机制、技术创新机制、招投标机制、调度运行机制、电价形成机制和监管机制等方面系统性地分析中国可再生能源发展面临的体制机制障碍。

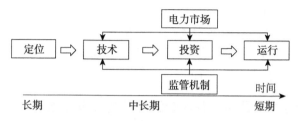

图 9-2　可再生能源技术发展的全链条

9.2.1　可再生能源发展的法治化水平偏低

在中国"富煤、贫油、少气"的能源资源禀赋特征和巨大能源消费需求的双重约束下，发展可再生能源对保障中国的能源安全和降低对外依存度具有重要的战略意义（魏一鸣和焦建玲，2013）。然而，截至 2021 年，现行的法规对可再生能源发展的战略定位仍然不足，并没有将可再生能源产业作为战略新兴产业看待，多关注眼前利益、局部利益或者部门利益，阻碍了可再生能源的长期高质量发展。具体来看，突出表现在以下三个方面：一是可再生能源发展规划的校验及复核机制缺乏，致使各级可再生能源规划衔接不够。例如，《中华人民共和国可再生能源法》第八条中规定，省、自治区、直辖市人民政府管理能源工作的部门会同本级人民政府有关部门，依据全国可再生能源开发利用规划和本行政区域可再生能源开发利用中长期目标，编制本行政区域可再生能源开发利用规划。例如，国家风电发展"十三五"规划中确定的新疆风电发展目标为 1800 万千瓦，而新疆可再生能源"十三五"规划中确定的风电发展目标为 3650 万千瓦，超过了国家规划目标。二是《中华人民共和国可再生能源法》的惩罚及补偿机制模糊，导致全额保障性收购制度落实不到位。例如，《中华人民共和国可再生能源法》第十四条中规定国家实行可再生能源发电全额保障性收购制度。但是，宁夏和甘肃在 2018 年未达到国家规定的最低保障收购年利用小时数。三是《中华人民共和国可再生能源法》的责任主体不清，造成行业监管执行力度不够。《中华人民共和国可再生能源法》第二十九到第三十一条规定了政府部门及相关企业的权利和义务，但是至今未有因违反《中华人民共和国可再生能源法》获得相关行政处罚的案例。①

9.2.2　产业政策机制对孵化高端技术创新的作用不强

与传统的化石能源技术相比，可再生能源技术是相对年轻的能源技术。为了

---

① 《全国人民代表大会常务委员会执法检查组关于检查〈中华人民共和国可再生能源法〉实施情况的报告》，http://www.npc.gov.cn/npc/c30834/201912/2b7568de01944c33b9326c325dcd498f.shtml [2022-10-10]。

保障可再生能源技术的推广和市场竞争力，需要有良好的产业政策来激发市场活力和群体智慧，从而驱动和引导可再生能源技术创新，增强我国可再生能源设备制造业水平。当前，由于我国的可再生能源产业政策缺乏清晰、系统的技术发展路线和长远的发展思路，没有连续、滚动的研发投入计划，用于研发的资金支持也明显不足，导致我国可再生能源制造及研发体系仍然薄弱，配套能力不强。在可再生能源技术上，我国仍落后于世界先进水平，高端产品竞争力不强，在关键工艺、设备和原材料供应方面仍严重依赖进口，受制于国外技术垄断，如大型风电机组的轴承、太阳能电池的核心生产装备、纤维素乙醇所需的高效生物酶等技术方面的垄断。此外，大部分可再生能源技术的生产厂家生产规模小、集约化程度低、工艺落后、产品质量不稳定、技术开发能力低和难以降低工程造价。因此，为了扭转关键技术与主要设备依靠进口的局面，需要有良好的产业政策来激励技术创新，从而做大做强中国的可再生能源设备制造业。

9.2.3　电厂电网的规划协同机制不足导致外送通道能力不足

可再生能源资源与需求中心呈逆向分布，且"规模化开发、集中式并网"是可再生能源开发利用的主要模式。利用可再生资源开展集中式发电需要相当距离的输送，需要扩建更灵活的电网，并确保有充足的电力和电网容量。我国水电、风电和光伏的开发利用集中于西部低负荷地区，在满足当地电力需求的同时，过剩的电量仍须外送。然而，在现有电力电网规划、建设和运行方式下，电源电网统筹协调不足，电源发展速度快，电网相较慢，电力输送通道的建设进度、输送容量和输送对象都难以满足可再生能源电力的发展需求。统一规划机制的缺失，带来电力无序发展问题。源网荷储规划、建设、投运不同步、不协调；新建煤电项目与铁路运输、煤炭供应等没有协调匹配，地区性煤电运输紧张问题反复出现。

虽然我国颁布了能源、电力、可再生能源以及风电、太阳能等系列"十三五"发展规划，但就实施情况看，电力规划的系统性和指导作用偏弱化，《电力发展"十三五"规划（2016—2020 年）》和《国家能源局关于可再生能源发展"十三五"规划实施的指导意见》提出的可再生能源发电发展规模（2020 年风电增至 2.1 亿千瓦，太阳能发电增至 1.1 亿千瓦；2017～2020 年风电新增 1.1041 亿千瓦，光伏装机新增 0.865 亿千瓦）均远低于实际发展规模（2020 年风电增至 2.8 亿千瓦，光伏装机增至 2.5 亿千瓦）。规模偏差一方面存在风光开发布局失衡的情况，另一方面配合消纳风光的其他网源建设和运行仍按照原来的规划安排，加剧了消纳困难和矛盾。从可再生能源项目建设布局看，"十一五""十二五"期间国家和开发企业均偏重资源优势与集中开发模式，而风光等资源开发与电力负荷明显逆向分布的特点，造成 2015 年前后限电问题的凸显和集中爆发。自"十二五"后半段，有关部门将风光开发重点转为分布式，无论是集中式电站还是分布式发电项目建设，都将消纳尤其是将就近利用放在第一位，但之前集中建设带来的问题难以即刻缓解。2017 年，"三北"地区风电累计装机和年发电量占比分别达到 74% 和 73%，光伏发电占比分别为 58% 和 66%。从其他电源建设看，虽然近年来实施了淘汰、停建、缓建煤电的措施，但煤电装机量仍很大，产能过剩情况严峻，未来风险仍存在，2017 年煤电等化石能源新增装机超过 4300 万千瓦，在全社会用电量增速 6.6% 的情况下，火电利用 4209 小时，同比增加 23 小时，仅增加 0.5%。煤电新增装机超过新增电力负荷和用电量需要，而且在电力结构调整和市场化进程中其定位与运行方式需要加快调整，无法延续原有模式运行，否则电力清洁低碳转型将成为空话。

电网规划和通道建设难以满足可再生能源发电与送出需要。目前可再生能源开发的原则是以就地消纳为主，但仍应持续加强超高压、特高压通道建设：一是对于缓解和解决历史原因造成的弃风弃光弃水等限电问题有效；二是从未来发展角度，西部和北部开发可再生能源仍有一定优势且对西部发展有积极作用；三是特高压电网通道建设应是国家电力和能源发展战略的重要组成与支撑。但能源规划没有配套规划输电通道、配套规划灵活电源，最终造成并网难和外送难的局面（冯永晟，2015）。2016 年，全国 11 条特高压线路共输送电量 2334 亿千瓦时，可再生能源占比 74%，其中 5 条纯输送水电线路输送电量 1603 亿千瓦时，3 条纯输送火电线路输送电量 253 亿千瓦时，3 条风火打捆输送为主线路输送电量 478 亿千瓦时，风光电量为 124 亿千瓦时，占比 26%。国家可再生能源中心依据电网企业提供的资料进行了初步统计，2017 年全国 12 条特高压线路输送电量超过 3000 亿千瓦时，其中纯送水电线路 6 条，纯送火电线路 3 条，3 条风火打捆输送为主线路风光电量在总输送电量中占比约 36%，外输电量仅为"三北"地区风光上网电量的约 8%。从 2016 年、2017 年数据看，可再生能源外送尤其是风光外送消纳的总电量和比例有限，在外送通道中电量比例有一定提升但线路输送电量仍以火电为主。技术是一方面因素，机制体制上需要突破和解决的问题更多。

9.2.4 招投标机制对投资的引导性不够充分

中国对可再生能源投资实施市场准入和特许权招标制度，即投资者在国家制定的可再生能源发展规划的引导下，基于可供选择的项目，在特许权招标制度下进行投标，最终获得政府审批的企业将负责项目的实际投资和运营。虽然该招投标机制成功地推动了可再生能源发展，使中国的可再生能源装机容量成为世界第一。但是，随着中国可再生能源发展逐渐由粗放式发展向精细化发展过渡，该招投标机制仍然存在一些需要完善的空间。项目招标机制以行政化招标为主，由于参与投标的企业数量相对较少，不利于推动行业内的良性竞争，促进技术进步。而且，中标结果中不同项目的价格计算方法相对模糊，公平性和透明性亟待增强。同时，可再生能源招投标主要侧重于技术设备和装置本身的成本，忽略了不同时刻和不同区域可再生能源发电量的价值差异，尤其是对不同地区可再生能源的并网条件考虑不足，从而影响了可再生能源的投资效益和资源配置效率。

9.2.5　电力调度运行机制无法发挥可再生能源的低成本优势

对于绝大部分可再生能源技术而言，一旦投资完成，其边际发电成本接近于零。因此，在经济调度机制下，按照市场资源配置的最优化理论，低成本的可再生能源理应得到优先发电的权利，这也是《中华人民共和国可再生能源法》中的应有之义（图 9-3）。与绝大部分发达国家电力系统中的"经济调度"机制不同，中国当前的电力系统实施"三公"调度机制。"三公"调度机制保障了不同发电机组获得发电量的公平性，特别是保障了煤电机组的成本回收。然而，"三公"调度机制降低了资源配置的效率，浪费了廉价的可再生能源资源，这也是我国出现大量弃风、弃光和弃水现象的症结所在。此外，负责电力系统调度运行的机构为电网公司，属于大型央企。在电力供大于求的背景下，电力调度机构在购电类型上具备较大的选择空间。而且，根据现行电网企业的商业模式，可再生能源发电量的增加不会带来额外的利润，反而会由于可再生能源的波动性和间歇性特征增加其运营成本。因此，现行的电力调度运行机制阻碍了可再生能源价值的充分发挥。

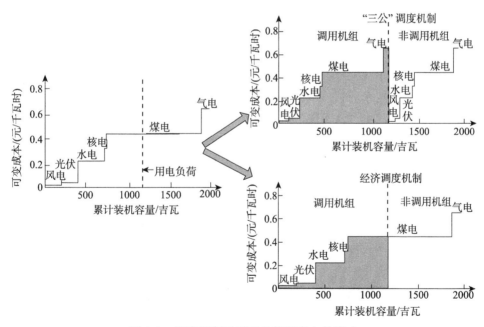

图 9-3　调度机制对可再生能源发电的影响

9.2.6　电力市场机制需要充分兼顾替代能源发电特征

与传统的发电技术相比，可再生能源发电技术的间歇性和不确定性特点给电力系统的平稳运行带来了新的挑战,复杂性程度增加。而且,可再生能源发电过程中需要传统化石燃料电厂为其提供更多的调峰和调频等辅助服务,以保持电能的质量。因而,需要建立合理的市场机制来定义和补偿这种服务,以体现电力系统中不同资源的真实价值。同时,可再生能源的大规模发展也会对原有化石燃料电厂的生产经营产生冲击影响,但化石燃料电厂的存在又对于电力系统的资源裕度和安全性不可或缺,如何对它们的发展进行合理的规划和补偿至关重要。

世界上很多国家都在进行电力市场化改革,通过市场化的制度设计来适应电力低碳转型的发展需要(郑新业等,2016)。英国在 2013 年开启了新一轮的电力市场化改革,通过对低碳电力市场的设计以实现保障供电安全、实现能源脱碳化以及电力用户负担成本最小的目标。美国目前已经在加利福尼亚和纽约等 23 个州实施了电力市场化改革,根据各州的特点进行多样化的电力市场设计以实现对低碳电力技术的应用,全国没有统一的电力行业模式。德国在 2016 年实施了电力市场 2.0 改革计划,试图通过低碳电力市场设计来保障可再生能源的优先并网和优先调度,并给市场参与者提供重要信息,增强其对低碳技术进行投资的信心。因此,设计良好的电力市场是加大低碳电力技术应用和实现电力系统低碳转型的重要制度保障。

在电力市场设计中,需要统筹兼顾电力系统中的各种资源,特别是需求侧和储能侧资源,并借助电力市场对电力系统进行系统性、综合性的规划和资源配置,以最低的社会总成本来满足电力消费需求(Pollitt and Haney,2013)。电力市场应尽可能地反映出不同发电技术的真实价值和成本。一方面需要在市场价格信息中体现出不同发电技术的负外部性成本,如不同发电技术的碳排放和污染物排放所产生的社会经济成本,从而使低碳电力技术的价值和优势更加真实地体现出来,也可以使低碳技术在节能减排和污染物治理中的协同作用充分发挥。另一方面在市场价格信息中需要体现出完整的成本构成,这些成本不仅需要包含发电成本,也应当包含输电线路建设成本和并网成本等,完善的价格信息可以引导低碳电力技术投资集中在经济价值高的地区。电力市场设计中可以建立支撑低碳技术发展的中长期市场机制,低碳电力技术大多具有资本密集型的特点,仅仅依靠市场上的电力价格难以回收投资成本。同时,低碳电力技术投资还面临着碳排放价格和节能减排政策等多重不确定性。因此,需要借助电力市场中的金融工具来对冲投资风险,以实现低碳电力技术的中长期投资布局和优化运行。电力市场中可以建立辅助服务市场,合理补偿调峰机组提供的服务,以降低弃风弃光现象,实现电力系统的整体效益最大化。同时,在电力市场中实施两部制电价制度,利于保障电力系统的资源裕度和稳定运行。电力市场在设计中可以降低电力现货市场的时间粒度,高时间频率下的电力市场价格信号可以为电力系统的短期调度运行提供清晰、明确的调度信号,使得电力系统运行更加透明、经济和可预测。

9.2.7　可再生能源价格电价不能充分体现其真实价值

　　与传统的化石燃料机组相比，可再生能源发电技术的成本依然相对较高，大部分可再生能源机组不具备经济成本优势。为了支持可再生能源发展，中国使用了上网电价机制，通过行政手段的方式为不同资源区域的可再生能源发电量设定不同的价格。随着中国可再生能源发电量的迅猛增长，上网电价机制中的弊端逐渐暴露出来。首先，上网电价机制的区域划分过大，考虑到不同地区的地形地貌、电网结构、电力需求和人员工资差异，上网电价机制无法体现不同地区、不同可再生能源技术的真实价值，因而无法引导可再生能源技术的合理空间布局。从时间维度来看，由于现行的电价管理以政府定价为主，可再生能源的上网电价变化调整往往滞后于成本变化，难以及时并合理地反映用电成本、市场供求状况、资源稀缺程度和环保支出。而且，上网电价机制实现年度动态调整方式，且仅能够提供未来一年的上网电价信息，未能对可再生能源的中长期发展提供明确的价格信号，给可再生能源的投资带来了不确定性和风险，如 2019 年光伏补贴退坡的"531 光伏新政策"。其次，上网电价对可再生能源的成本认识不够充分。由于可再生能源的波动性和间歇性，电力调度机构需要增加辅助服务以保障电力系统的稳定性，而这部分由可再生能源引起的额外成本理应需要其分担，见图 9-4。然而，由于辅助服务市场的缺乏和不完善，当前的这部分成本并未有效地体现在可再生能源的真实价格中。最后，可再生能源上网电价超过当地煤电标杆电价的部分，由征收的可再生能源基金进行补充（图 9-5）。然而，在可再生能源发电量快速增加的过程中，尽管可再生能源基金征收费率多次上调，仍然不足以弥补巨大的资金缺口，补贴拖欠挫伤可再生能源投资者的信心，也阻碍了可再生能源产业的良性发展。

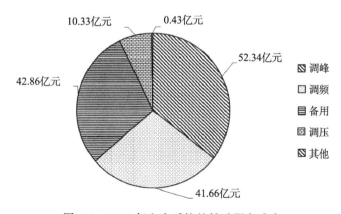

10.33亿元　0.43亿元　52.34亿元　42.86亿元　41.66亿元

调峰　调频　备用　调压　其他

图 9-4　2018 年电力系统的辅助服务成本

资料来源：《国家能源局综合司关于 2018 年度电力辅助服务有关情况的通报》（2019 年）

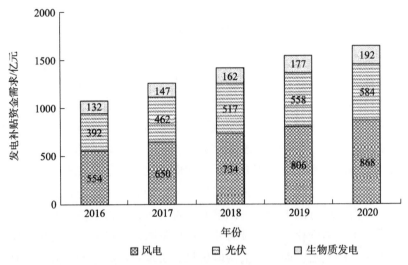

图 9-5　2016～2020 年的可再生能源发电补贴
资料来源：能源基金会《可再生能源电价改革方向分析》（2017 年）

9.2.8　九龙治水的可再生能源监管机制效率低下

电力系统的安全稳定运行关乎国民经济命脉和重大国计民生。而且，电力系统中的输配电网具有自然垄断属性和网络经济属性。因此，有必要对其进行合理和有效的监管，以确保电力行业的健康稳定发展。电力监管的主要内容包括政府对电力企业的市场准入、定价、服务质量和对环境、安全与健康影响等方面进行规定和限制。政府对电力系统的监管具有诸多作用：一是可以保障电力的安全稳定供应和普遍服务，二是可以提高电力系统资源的利用效率，三是可以保障电力市场的公平性。

从被监管的主要电力系统要素来看，需要重点关注以下五个方面。第一是要监管电力规划过程中的电力技术选择过程，以保障电力系统规划过程中的电力技术选择偏好中性，使得电力技术的投资布局行为由市场来主导。第二是要监管投资过程中的准入退出机制和项目招投标的公平性，包括对投资方的资质评价和竞标流程的公开与透明。第三是要监管输配电网络的投资，因为输配电网络具有自然垄断属性，在成本加成的价格管理机制下，电网企业具有扩大固定资产投资的冲动。而且，电网建设经常被地方政府作为拉动投资、刺激经济增长的手段，从而产生了过度和低效的电网投资。第四是要监管电力市场中的价格和交易执行，防止市场力的滥用，以保障电力市场的科学运行，公开、透明的电力市场信号可以指导电力系统的资源优化配置，提高电力系统的运行效率。第五是要监管电力系统对社会经济系统的影响，以降低发电过程对环境、健康和安全的影响。

从中国电力系统的监管职能部门来看（图 9-6），现阶段的中国电力监管系统非常复杂，目前受到国家发展和改革委员会、国家能源局、生态环境部、应急管理部、国务院国有资产监督管理委员会、财政部等多个部门的监管（Pollitt et al.，2017）。国家发展和改革委员会价格司负责销售电价和上网电价的制定；国家发展和改革委员会、国家能源局负责电力生产过程中的市场准入；生态环境部负责电厂建设的环境影响评估；应急管理部负责电力生产过程中的安全管理；国务院国有资产监督管理委员会负责国有电力企业的资产管理；财政部负责电力运营的税收收缴和分红发放。可以看出，电力系统的监管实践整体上处于九龙治水的状态，各个监管部门分别基于自身职责划分来对电力系统进行监管，缺乏系统性和统管全局的监管。而且，这些监管部门之间的协调性较差，各个部门都没有协调电力政策的专有权，也都不希望被其他部门协调。因此，有时候难以对各部门进行协调以落实政府的电力政策，如"十二五"期间的能源规划直到2013年才出台，可以充分说明电力政策在不同部门之间的协调难度。中国曾经尝试过建立一个独立的监管部门来统筹电力系统的监管，国家电力监管委员会于2003年成立，主要负责统筹电力系统的监管，但由于各种原因，国家电力监管委员会在2013年之后不再保留，相关职责被整合入了国家能源局。

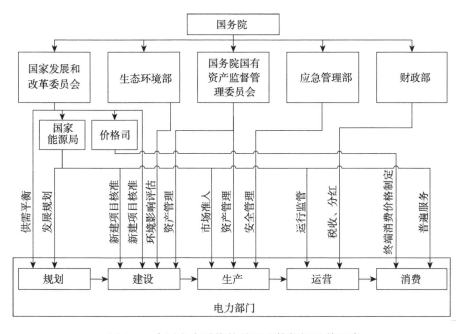

图 9-6　中国电力系统的重要监管部门及其职责

当前，我国的可再生能源管理职能分散在多个部门，包括能源、科技、农业、林业、水利、国土资源、建设、环保、海洋、气象等部门。各部门职能交叉，多头管理，资金分散，缺少协调性，冲突不断，无法形成合力，一定程度上削弱了国家对可再生能源的宏观调控力。而且，由于政出多门，各级管理部门协调性差和管理混乱。此外，企业间、政企间缺乏有效的沟通渠道和交流平台，可再生能源企业各自为战。很多可再生能源项目管理环节多，审批权重叠、多头管理、重复管理现象严重。部分地区盲目增大可再生能源的投资规模、匆忙上马大项目时有发生，产业生产能力的扩大不能与市场需求增长相适应。例如，在风电领域，过分注重装机规模，没有用上网电量考核风电场的绩效，使电网成为制约风电产业进一步发展的障碍。同时，随着可再生能源产业的发展和国内外市场的扩大，技术标准的缺失和人才匮乏的问题日益突出，需要相关部门之间的协调配合来统筹可再生能源产业的发展方向，并出台系统有力的支持政策，来扭转可再生能源开发无序的状况。而且，由于中国目前还缺乏相对完善的监管体系和监管经验，同时在电力系统监管领域的资源和人员配备不足，导致了在电力市场上存在着一些不正当的竞争行为，这些影响都会反映到电力系统的规划、投资和运行上。

从电力系统的规划层面来看，会存在规划制定过程中的区域偏好和非技术中性，并非基于市场需求去布局和选择技术。而且，发电侧的上网电价受到国家发展和改革委员会行政指定，也不容易进行预测。因此，价格信号对低碳技术投资布局的引导作用相对较弱，增加了低碳技术投资的不确定性。从电力技术的投资层面来看，投资主体的市场准入、报价和竞拍程序相对烦琐，不透明度高，发电技术的投资容易受到不正当竞争行为的影响。另外，国家的技术政策，节能减排政策和地方上的经济发展政策有时候会相左，从而影响低碳电力技术的投资布局。同时，目前仍缺乏对低碳电力技术的长期支持政策，从而使得低碳电力技术的投资过程面临着较多的不确定性。例如，煤电的"上大压小"政策，与装机容量过剩时出台的煤电装机"急刹车"政策。此外，政策与实际执行情况的不一致性也加大了低碳电力技术投资的风险。2006 年施行的《中华人民共和国可再生能源法》规定可再生能源优先上网，而在现实中的执行情况是可再生能源出现了大量的浪费现象，使得资本成本占比较大的可再生能源技术面临着较大的投资风险。同时，输配电网络的过度投资和低效运行也是现行输配网络监管机制不够完善的一个直接结果。从电力系统的运行来看，电力系统的调度由国家电网和南方电网负责具体实施，缺乏对电力系统调度效率和公平性的有效监管机制。而且，调度的具体程序规则和数据相对封闭，也不对外公开和发布，使得外界不能够评估电力系统的运行效率，督促电力调度的改进和提高。

9.2.9 地方消纳责任不清，可再生能源发展目标需要更强化

地方在发展可再生能源方面责任不清，大部分西部和北部地区在发展可再生能源方面仍存在"重发、轻网、不管用"的问题，大部分东中部地区仍然以当地

火电为主,没有为输入西南和"三北"地区的可再生能源发电充分扩大市场空间。国家自 2016 年开始实施可再生能源目标引导制度,并按年度公布全国可再生能源电力发展监测评价报告,重点是各地区全部可再生能源电力消纳情况和非水电消纳情况。但该制度为引导制度,而非约束性机制,也没有配套奖惩措施,缺乏实质约束力,如陕西 2016 年的非水可再生能源消纳占比仅为 3.8%,距 2020 年的引导性目标差距为 6.2 个百分点,而西北电网内部联络网架较强,且甘肃和新疆大量弃风弃光,仅靠西北电网内部打破省际壁垒,陕西非水可再生能源消纳提升空间也应该很大。

9.3　完善替代能源体制机制的建议

为了有效解决制约我国可再生能源发展的关键性问题和突出矛盾,破除体制机制障碍,促进可再生能源的发展,我们提出了以下建议,主要包括还原能源商品属性,加快形成统一开放、竞争有序的市场体系,充分发挥市场配置资源的决定性作用和更好发挥政府作用。以节约、多元、高效为目标,创新能源宏观调控机制,健全科学监管体系,完善能源法律法规,构建激励创新的体制机制,打通能源发展快车道。具体建议如下。

1. 提高可再生能源的法治化水平

为了深化可再生能源的战略价值,需要从长远和全局的视角出发,完善可再生能源产业的法治机制,提高可再生能源的法治化水平,用法律守护和保障可再生能源的战略地位。首先,在新的时期,对《中华人民共和国可再生能源法》开展有针对性的修订工作,细化和明确老问题,纳入新形势和新任务,解决新问题,使《中华人民共和国可再生能源法》始终保持与国家和产业发展的需求同步,使我国可再生能源产业始终沿着法制的轨道健康发展。其次,建立可再生能源规划的多级校验及复核机制,加强衔接及保障一致性。明确收购制度的惩罚及补偿机制,建立考核机制,提升消纳能力。再次,需要细化法律责任条款,强化主体责任,确保"执法必严,违法必究",从而真正发挥可再生能源的清洁和环保优势。最后,继续推进以碳排放权交易和排污权交易为代表的环境权益交易机制,为可再生能源产业的成长提供金融支持,促进可再生能源的发展,控制好温室气体排放。

2. 制定激励技术创新和商业模式创新的产业政策机制

为了提升我国可再生能源制造业的国际竞争力,需要从技术和商业模式两个方面入手去设计与制定产业政策,引导可再生能源产业更好更快发展。在技术层面上,大力推动可再生能源技术的创新,坚持创新驱动发展,制定可以持续孕育可再生能源技术创新的产业政策，加大对关键技术攻关的资金、技术和人才队伍的扶持与奖励，积极引导和推广国产化的电力系统设备与装置，培育本国企业研发和生产电力系统核心设备与核心技术的能力。而且，积极推进可再生能源的规模化发展，以建设可再生能源为主体的可持续能源体系为长远目标，研究可再生能源在 2035 年和 2050 年的发展路线图，注重可再生能源消纳，形成促进可再生能源生产和消费的新机制。在商业模式层面上，根据不同可再生能源的特征以及新时代的电力消费需求，加快推进可再生能源与互联网等新一代信息技术深度融合，借助能源转型的浪潮，利用大数据技术和人工智能技术，挖掘可再生能源的潜在价值，开发和创新可再生能源的商业模式，调动各方积极性来发展可再生能源。

3. 建设充分竞争且公开透明的市场化招投标机制

对于技术成熟和实现规模化发展的可再生能源技术，采用竞争招标机制是国际趋势。为了优化可再生能源的资源配置和投资决策，我国需要充分借鉴发达国家的宝贵经验，改变以传统行政手段主导的特许经营权招标机制，引入市场化元素来支持可再生能源投资，并在此基础上搭建市场化的拍卖招标系统和交易平台。竞拍机制不仅可以更加清晰透明地展示可再生能源项目的具体信息，增强投资者对项目的认识，降低投资风险。拍卖招标也可以推进技术进步、产业升级、成本降低，以更低的成本实现清洁能源转型。同时，交易平台信息的公开化和透明化将有助于指导未来的投资决策和装机容量布局，消除不合理费用及政策实施障碍。而且采用竞争招标机制有利于稳定可再生能源的发展节奏、优化布局、达成国家中长期的非化石能源发展目标。

4. 推行电力系统的经济调度机制

为了充分发挥可再生能源低成本和清洁环保的优势，降低弃风弃光弃水的现象，可以将现行的"三公"调度机制转换为经济调度机制。首先，基于现有的电力系统控制理论和中国的电力系统结构，建立兼顾安全与经济的电力系统经济调度理论，据此制定包含电力系统经济调度机制下的操作方法和与风险防控预案。其次，开展经济调度机制模型、算法和软件的开发及人员培训，并在此基础上进行试点和经验总结，加强国际交流，提升经济调度机制的实际应用水平。最后，在电力系统中推广和实施经济调度机制，优化电力系统中的各项资源配置，保障可再生能源能够充分发挥其价值。

5. 大力推进电力市场交易机制，还原电力资源的真实价值

为了还原电力资源的商品价值，可以借助新一轮电力体制改革的契机，推进电力市场化交易机制的建设。电力市场有助于提高电价和成本的透明度，理顺价

格形成机制，从而调整优化能源结构，实现可持续发展目标。为了建设公平、规范、高效的电力市场，可以采取以下措施。首先，需要规范市场主体准入标准，按照接入电压等级、能耗水平、产业政策及区域差异确定可参与电力市场交易的发电企业、售电企业和用户准入标准，把好"入门关"。其次，构建体现出市场主体交易意愿的电力交易机制，同时完善合同调整及偏差电量处理的交易平衡机制。再次，建立辅助服务分担的共享机制，从而适应可再生能源发展带来的调峰、调频、调压等新增需求，完善并网发电企业的辅助服务考核机制和补偿机制。根据电网可靠性和服务质量，按照"谁受益，谁承担"的原则，建立用户参与的辅助服务分担共享机制，保障各类市场主体的利益与可再生能源的发展目标相一致。最后，建立相对独立的电力交易机构，形成公平规范的电力市场交易平台，以充分体现可再生能源在不同位置和不同时刻的真实价值，最终指导电力系统的资源优化配置。

6. 建立相对独立的电力行业监管机构

考虑到电力行业的复杂性和特殊性，为了激发市场活力和规范市场秩序，需要建立专门的电力行业监管机构。需要完善现行的电力监管组织体系，创新监管措施和手段，有效开展可再生能源的电力交易、调度、供电服务和安全监管，保障可再生能源在电网中的公平接入。建立相对独立的电力行业监管体系。组建相对独立的电力监管机构，创新监管措施和手段，强化可再生能源在投资、并网、交易、调度、供电服务和安全等领域的公平性。减少和规范与可再生能源相关的行政审批，进一步转变政府职能、简政放权，取消、下放可再生电力项目审批权限，有效落实可再生能源发展规划，保障可再生能源的发展战略、政策和标准得到有效落实。加强可再生能源发展与电网的统筹规划监管，优化可再生能源布局。推进能源监管法规制定工作，制定依法监管的策略，充分发挥法律对可再生能源发展监管的引导、推动、规范和保障作用。持续提升监管效能，完善能源市场准入制度，统一准入"门槛"，强化资源、环境、安全等技术标准。运用市场、信用、法治等手段，加强对能源市场主体行为的持续性动态监管，防范安全风险，维护市场秩序，保障社会公共利益和投资者、经营者、消费者合法权益。加强监管能力建设，创新监管方法和手段，提高监管的针对性、及时性、有效性。推进能源监管法规制定工作，制定依法监管的策略，充分发挥法律对可再生能源发展监管的引导、推动、规范和保障作用。

7. 建立公开透明的替代能源信息披露机制

建立完善电力市场主体年度信息公示制度。推动市场主体信息披露规范化、制度化、程序化，在指定网站按照指定格式定期发布信息，接受市场主体的监督和政府部门的监管。建立健全守信激励和失信惩戒机制。加大监管力度，对于不履约、欠费、滥用市场操纵力、不良交易行为、电网歧视、未按规定披露信息等失信行为，要进行市场内部曝光，对有不守信行为的市场主体，要予以警告。建立并完善黑名单制度，严重失信行为直接纳入不良信用记录，并向社会公示；严重失信且拒不整改、影响电力安全的，必要时可实施限制交易行为或强制性退出，并纳入国家联合惩戒体系。建立完善市场主体信用评价制度。开展电力市场交易信用信息系统和信用评价体系建设。针对发电企业、供电企业、售电企业和电力用户等不同市场主体建立信用评价指标体系。建立企业法人及其负责人、从业人员信用记录，将其纳入统一的信息平台，使各类企业的信用状况透明，可追溯、可核查，从而促进替代能源的健康有序发展。

8. 建立配套技术组合，提高供电灵活性

开发补充性灵活发电、明确系统运行和规划工具、完善需求侧响应机制和发展储能技术等。首先，在可变可再生能源基地建设一定比例的配套调峰火电机组。其次，利用储能技术调峰调频，减少对可再生能源的限制，提高系统中基本负荷机组运行效率。利用智能电表与控制中心相联，提高供电系统灵活性；通过需求侧激励措施，减少用电高峰期的需求，实现用电负荷削峰填谷。

9. 加快建设特高压电网，提升跨区输电能力，促进替代能源消纳

推进建设灵活的供电网络，解决可再生能源大规模并网及电力输送问题，保障新能源消纳，进一步提高能源资源的配置能力。采用特高压输电，将华北地区的风电、华中地区的水电、西北地区的风电和光电等电能输送至东部沿海电力高需求地区，实现"电从远方来，来的是清洁电"。

参 考 文 献

陈浩. 2018. 电力低碳转型中的决策优化方法及其应用研究[D]. 北京：北京理工大学.
冯永晟. 2015. 新规制视角下的电网投资与治理理论——兼论对中国电力体制改革的启示[J]. 当代财经, 1(10): 3-14.
国家能源局. 2019.国家能源局综合司关于 2018 年度电力辅助服务有关情况的通报[EB/OL].http://www.nea.gov.cn/2019-05/06/c_138037432.htm[2021-11-06].
王志轩. 2015. 中国电力低碳发展的现状问题及对策建议[J]. 中国能源, (7): 5-10.
魏一鸣, 焦建玲. 2013. 高级能源经济学[M]. 北京: 清华大学出版社.
魏一鸣, 廖华, 王科, 等. 2014. 中国能源报告(2014): 能源贫困研究[M]. 北京: 科学出版社.
夏清, 黎灿兵, 江健健, 等. 2003. 国外电力市场的监管方法、指标与手段[J]. 电网技术,

27(3): 1-4.

郑新业, 张阳阳, 胡竟秋. 2016. 市场势力的度量、识别及防范与治理——基于对中国电力改革应用的思考[J]. 价格理论与实践, 1(6): 23-27.

Joskow P L. 1997. Restructuring, competition and regulatory reform in the U.S. electricity sector[J]. Journal of Economic Perspectives, 11(3): 119-139.

Joskow P L. 2008. Regulation of Natural Monopoly[M]. Handbook of Law & Economics, 2: 1227-1349.

Pollitt M G, Haney A B. 2013. Dismantling a competitive electricity sector: The U.K.'s electricity market reform[J]. Electricity Journal, 26(10): 9-15.

Pollitt M, Yang C H, Chen H. 2017. Reforming the Chinese electricity supply sector: lessons from international experience[R]. EPRG Working Paper, 1704.

第 ⟨ 10 ⟩ 章

保障能源安全的若干重大举措

10.1 继续把节约能源摆在首位，完善体制机制建设

1. 完善收入分配结构，引导经济结构向低能耗型发展

完善和优化国民收入分配结构，努力提高居民收入在国民经济中的比重，提高居民消费能力和消费水平。我国单位固定资产投资拉动的能耗高于单位居民消费拉动的能耗。在固定资产投资中，建筑安装工程比重高。在居民群体中，城镇居民单位消费额拉动能耗比农村居民的高，高收入群体单位消费额带动的能源需求量比低收入群体带动的能源需求量高。我国城镇居民的边际消费倾向低于农村居民，高收入群体的边际消费倾向低于低收入群体的边际消费倾向。提高居民收入特别是农村居民收入和低收入群体的收入，进而提高其消费对经济增长的贡献，降低投资的贡献，从而引导产业结构向低能耗方向发展，促进节能降耗。这也是与缩小居民收入差距相一致的。

2. 进一步推进能源价格市场化改革，充分引入市场竞争机制

尽最大可能引入市场竞争机制，形成能够反映资源稀缺、环境污染成本和市场供求关系的能源价格形成机制。目前改革方向已经明确，关键在于加快落实。当前我国能源供应紧张局面已缓解，是加快推进能源价格市场化改革的较佳时期，对全社会造成的负面冲击较小。继续完善营商环境和市场竞争环境，放开市场、鼓励竞争，依靠竞争促进可再生能源和新能源发展，以市场牵引能源技术路线选择。推进现代能源体系建设，加快建立和完善电力现货、期货和辅助服务市场，实现可再生能源在不同时空的定价。

3. 调动各方面积极性和能动性，创新节能考核方式

建立地方因地制宜、争相推进能源系统清洁低碳高效转型的竞争机制，营造比学赶超的绿色发展氛围，鼓励地方政府互相学习和竞争，加大对分布式能源系统和

城市智慧能源系统发展的支持力度。建筑物寿命短，大拆、大修、大重建造成了大量的能源浪费。可考虑在地方节能绩效评估中纳入和完善能源节约指标。

10.2　强化电力系统安全运行保障，支持自主研发能源产业链关键技术

1. "制度+技术"双管齐下以保障电力系统安全运行

为了防控电力系统遭受攻击的风险，确保大容量电力系统安全，需要从制度和技术两个方面进行突破。将电力系统安全纳入国家安全体系，深入研究新国际形势下我国电力系统安全问题，制定特殊时期保障关键电力系统安全稳定运行的方案。加强我国电力系统核心技术自主研发能力，提高原始创新能力，在重要环节和核心技术上取得突破，保障关键电力系统部件国产化率。发展对电力系统网络安全攻击的监测、防范和应对技术，加强对电力系统安全运行风险评估和管理，以尽早应对和处置我国电力系统安全风险。优化我国未来电力系统供应格局和架构，建设包含外来电、本地电、分布式电源、需求侧响应、微电网与储能等多层次、多形态的电力供应保障体系，提升电力系统抵御风险事件的韧性和能力。

2. "上中下游"多措并举以保障能源产业链安全

甄别能源产业链上游关键资源、技术、材料和人才中的薄弱环节，全面评估全球新形势下重点国家在能源产业链上的调整对我国的影响，并研究制定防范预案，从源头上防止出现能源产业链的"卡脖子"问题。进一步加强我国能源产业加工、转换和运输等中间环节效率，优化生产工艺，降低生产成本，提升我国能源产业链的竞争优势。依靠国内巨大能源需求市场，维护我国能源产业链的完整性。推动产业链向国际消费市场延伸，扩大其他国家对我国能源技术产品的认可度和市场占有率。

10.3　完善可再生能源体制机制，大幅度提升可再生能源比例

1. 提高可再生能源治理的法治化水平

可再生能源的高质量发展依赖于对其进行公平科学的并网和消纳，为了引导和保障高比例可再生能源的健康发展，可以在现有《中华人民共和国可再生能源法》的基础上，展开具有针对性的修订工作，明确收购制度的惩罚及补偿机制，

建立考核机制，提升消纳能力。同时，考虑到不同层级能源规划的有效衔接问题，可以建立可再生能源规划的多级校验及复核机制，确保规划结果在执行过程中的一致性和有效性，强化主体责任，发挥可再生能源的清洁和环保优势，使我国可再生能源产业始终沿着法制的轨道健康发展。

2. 推行电力系统的经济调度机制

高比例可再生能源的发展将会重塑电力系统的运行方式，可再生能源机组点多面广、单体装机容量小，为了保障电力系统运行的安全性、高效性和清洁性，需要革新传统调度模式，建立并推行兼顾安全与经济的电力系统调度机制，并制定相应的操作方法和风险防控预案。同时，加强对经济调度模型、算法和软件的开发和培训，提升调度人员应对高比例可再生能源下电力运行安全风险的应对能力，保障可再生能源价值得到充分发挥。

3. 大力推进电力市场交易机制，还原电力资源的真实价值

为了实现电力资源在更大范围内共享互济和优化配置，提升电力系统稳定性和灵活调节能力，推动形成适合中国国情、有更强新能源消纳能力的新型电力系统，需要加快建设全国统一的电力市场体系。可再生能源发电具有显著的波动性、间歇性和不确定性特征，需要评估高比例可再生能源消纳新增的调峰、调频、调压等成本，建立符合"谁受益、谁承担"的辅助服务成本分担机制，同时完善合同调整及偏差电量处理的交易平衡机制。

4. 建立配套技术组合，提高供电灵活性

高比例可再生能源将对电力系统的灵活性提出更高要求，需要充分利用电源、电网和负荷等灵活性资源，全面提高系统调峰和可再生能源的消纳能力。开发促进电力系统灵活运行的配套技术组合和工具箱，释放电力系统的灵活性潜力，在需求侧，利用智能电表与控制中心相联，完善需求侧响应机制和发展储能技术，实现削峰填谷。在供给侧，加强多能互补，增强系统调峰调频能力，提升电力系统应对外来冲击的灵活性和适应性。

5. 加快建设特高压电网，提升跨区输电能力

为了解决可再生能源大规模并网及电力输送问题，可以通过加快建设跨省跨区输电线路，发挥大电网优势，增强区域互济能力，平抑负荷和可再生能源波动，提升高比例可再生能源的消纳能力。由于中国电力负荷和生产呈现出逆向分布，可以借助特高压输电，将我国北部和西部的风电、光伏和水电等电能输送至东部沿海电力高需求地区，实现"电从远方来、来的是清洁电"。

6. 建立相对独立的电力行业监管体系

为了促进可再生能源的发展，强化可再生能源在投资、并网、交易、调度、供电服务和安全等领域的公平性和有效性，需要制定并组织实施适应于高比例可再生能源发展的监管机构及规则体系。推进能源监管法规的制定工作，识别电力系统中需要监管的重点对象，制定监管策略，创新监管措施和手段，保障可再生能源发展战略、政策和标准得到有效落实。

10.4　多措并举保障油气供应安全，完善应急响应机制

1. "开源节流"降低油气对外依存度

加快交通电气化，实现对油气需求侧替代。借助新基建构建完善的电动汽车配套基础设施网络，进一步加大电动汽车推广应用力度，促进交通电气化发展并最终降低石油在交通部门的消耗。提升油气加工、转换和使用全过程综合效率。在加工转换环节，进一步优化成品油生产工艺，提升关键装置（蒸馏装置、延迟焦化装置及催化裂化装置）炼化效率。在使用环节，提高石油化工产品的使用效率，推进油品使用装置减量化、轻量化、智能化，建立废旧产品回收和重复利用机制。引导形成节约型油品消费机制。

2. 保障我国海外能源资产安全

以控制成本与投资为核心，优化预算、控减非生产性开支、推动合同复议、强化经营管理等有力措施。合理优化决策部署，加大对外合资合作实现风险共担。海外能源项目需要积极部署新冠疫情防控应对举措，采取弹性办公和网上办公等措施，克服人员紧缺、物资周转延后等困难，确保海外项目生产经营平稳运行。开发新的金融风险平台，促成企业运用金融工具进行风险对冲，从而加强对海外能源资产风险防控和保护。加强中资企业"走出去"和投资全程监管，建立健全投资、并购审查机制，有效降低投资风险。建立与国外政府部门间的协作机制，积极发挥国内外商会、协会、基金会和咨询机构的作用，为新形势下能源企业"走出去"提供专业咨询、法律援助、技术支持等多种形式的服务。

3. 进一步明确天然气发展定位

明确天然气发电的发展定位。清洁能源替代煤电是大势所趋，国家应鼓励天然气发电在市场竞争原则下的发展，但更多应与光伏、风电等新能源融合发展，利用好天然气发电机组启动快、关停容易的优势，做好可再生能源的调峰工作。控制纯气电项目，避免气电项目一拥而上造成用气紧张和项目不经济。加强国内

天然气资源勘探开发，扩大对外合作，延续页岩气的补贴政策，等等。

4. 建立全方位多能源品种断供的应急响应机制

针对不同的能源品种，归纳梳理诱导能源中断的风险因素，预估不同因素发生的可能性及影响程度。分析不同能源品种供给中断的演化特征，即能源中断发生前、能源中断发生中和能源中断发生后的时空表现及差异。建立能源断供的全过程应急响应机制。分析多能源品种之间的替代及反馈关系，提出考虑多能源品种相互协同的断供应急响应机制。

10.5 完善国内油气储备体系建设，增强储备能力和灵活性

1. 完善国家石油储备条例

国家石油储备条例明确指出，其立法目的是"应对突发事件等引起的石油供应中断或者短缺，保障石油供应安全"。新时代石油安全的内涵更为丰富，国家石油储备条例应修订完善，增加"应对石油供应严重过剩"的管理办法。

2. 完善油气应急管理协同机制

我国油气上游及管网对政策的执行力很强、对市场的敏感性相对不强。因此，在爆发重大突发事件时，国家若无行政干预，企业难以及时调整生产经营。此前，国家形成的油气应急管理协同机制都是针对油气供应中断问题，建议完善应对油气供应严重过剩问题的应急管理协同机制，避免油气需求过剩时，生产企业仍在大力增产。

3. 综合考虑底线储备需求和储备弹性

扩大石油储备规模，保持合理储备水平，提升稳定国际石油市场的能力。保证我国石油战略储备达到 90 天净进口量的底线标准，保证石油商业储备有腾挪空间，应对国际市场波动。根据近年来国际市场供需及价格波动情况，石油供需差始终保持在 ±200 万桶/日以内。

4. 鼓励企业加强天然气储备能力建设

国家要求天然气储气调峰能力达到年消费量的 16%，预计我国天然气消费高峰为 7000 亿立方米，对应的 1120 亿立方米的储气调峰能力，与当前 190 亿立方米的能力相比，还有 930 亿立方米的储气调峰能力建设需求。在储备能力建设方面，地下储气库更加安全，且建设成本只有 LNG 储气库的一半，但选址较为困难。建议从长远发

展的角度,明确地下储气库的发展方向,并组织科研力量加大地下储气库选址的研究。

10.6　完善非化石能源统计工作,顺应可再生能源和储能技术发展需求

1. 更新和补充各级能源统计调查制度

建立一套由国家、部门、地方统计调查制度共同组成的系统性能源统计制度体系,特别是围绕各类非化石能源全生命流程特征,构建完整的非化石能源统计制度,形成能源统计调查制度的更新和补充方案。

2. 完善能源统计口径、核算方法和能源结构表征方法

未来我国将逐步过渡到以新能源为主的现代能源系统,储能将大规模发展,氢能也可能占据重要地位,未来可能有较多弃电和储能损耗、制氢损耗等,建议将这些能源纳入统计口径,以反映并激励改进能源系统效率。未来煤炭的消耗量将持续减少,传统的能源总量核算和能源结构表征中,以发电煤耗法折算一次电力(可再生能源)将越来越难以适用于能源经济研究和决策工作。在能源总量核算中,采用电热当量法,甚至可以考虑采用等价电力的方法,能源结构测算方法也做相应修订。

3. 健全数据报送与集中统一发布机制

在各项能源相关统计调查制度中,明确规定各级机构间数据报送关系和机制,要求按《中华人民共和国统计法》规定及时报送。国家及地方统计部门将各类数据经汇总修订后,定期对外发布,依法应当保密的除外。数据发布板块中,采取单独章节形式,突出非化石能源地位。